U0261219

质感大片

AI摄影与后期高手速成

构图君◎编著

中国铁道出版社有限公司
CHINA RAILWAY PUBLISHING HOUSE CO., LTD.

图书在版编目（CIP）数据

质感大片 ：AI摄影与后期高手速成 ／ 构图君编著.
北京 ：中国铁道出版社有限公司，2024. 9. -- ISBN
978-7-113-31408-8

Ⅰ．TP391. 413

中国国家版本馆CIP数据核字第2024KN6036号

书　　名：质感大片——AI 摄影与后期高手速成
ZHIGAN DAPIAN：AI SHEYING YU HOUQI GAOSHOU SUCHENG
作　　者：构图君

责任编辑：杨　旭　　编辑部电话：(010) 51873274　　电子邮箱：823401342@qq.com
封面设计：宿　萌
责任校对：安海燕
责任印制：赵星辰

出版发行：中国铁道出版社有限公司（100054, 北京市西城区右安门西街 8 号）
印　　刷：河北京平诚乾印刷有限公司
版　　次：2024 年 9 月第 1 版　2024 年 9 月第 1 次印刷
开　　本：710 mm×1 000 mm　1/16　印张：15　字数：257 千
书　　号：ISBN 978-7-113-31408-8
定　　价：79. 00 元

前　言

曾经有许多摄影朋友在我的公众号"龙飞摄影"（原名"手机摄影构图大全"）里留言，问我 AI 摄影是什么？

由于在 2023 年和 2024 年我用 AI 工具生成过上万张摄影作品，特别是 2024 年 3 月在千聊平台开办了第一期手机 AI 摄影课，4 月又开办了第二期手机 AI 摄影课，基于此，我总结出来的 AI 摄影概念就是 AI 绘画，是从摄影的角度生成照片。

接下来，我将详细介绍这一概念所包含的四个要点。

第一个要点：什么叫 AI 绘画？

AI 绘画就是 AI 作图，即运用 AI 软件绘制一张画或制作一张图，如下图所示。

第二个要点：什么叫从摄影的角度？

摄影的三大元素：构图、光影与颜色，即运用这三点进行 AI 绘画或作图。

上图（右）的作品在光影与颜色上明显比上图（左）的作品更具有摄影感，对吧？这就是 AI 绘图与 AI 摄影照片的区别。AI 摄影照片更具有构图感、光影感和颜色感。

第三个要点：什么叫生成照片？

AI 摄影是从摄影的构图、光影、颜色等专业角度，生成一张照片。这个生成有两层意思：一是运用 AI 软件生成照片；二是以文生图，即给出一段文字，AI 软件根据所给文字生成一张图片，如下图所示。

第四个要点：AI 摄影能以图生图吗?

AI 摄影既然能以文生图，那么有些聪明的摄影朋友就会问了，那能以图生图吗？构图君回答：可以的。以图生图就是以一张图片为参考，生成多个类似风格的图片。

例如，以上面的枫叶图片为原图，一次性生成以下四张类似风格的图片。

为大家再总结一下，AI摄影就是借助AI软件将所给的文字变成现实的图像。

例如，给出"微距摄影，特写，昆虫，细节好，8k"，不到一分钟的时间，AI软件就会生成下图（左）这四张照片。如果不满意，点击再次生成，即可得到下图（右）四张照片。如果不满意，还可以再次生成。

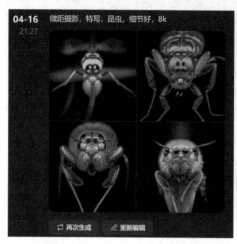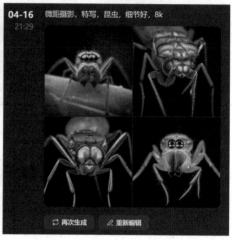

AI摄影其实还有一层意思，会在书中1.1.1提及，请注意阅读。

AI摄影市场正经历着前所未有的增长和变革。技术的进步，尤其是深度学习和生成对抗网络的发展，极大地提升了AI生成图片的质量和逼真度，这为AI摄影的商业应用奠定了坚实的技术基础。AI摄影的应用场景不断扩展，从艺术创作和娱乐领域，再拓展到广告设计、自媒体、虚拟现实、游戏开发等多个行业，满足市场对于个性化和定制化内容的强烈需求。

随着人们对个性化内容的追求及颜值经济的兴起，AI摄影工具受到了市场的热烈欢迎，它们不仅能够快速生成大量高质量的摄影作品，还能够帮助用户在互联网时代快速传播个人及企业形象。此外，专业摄影师也开始探索将AI技术融入工作流程，利用AI进行拍摄策划和图片构思，以此提高工作效率和创新能力。

AI摄影为摄影爱好者提供了一个全新的创作平台，AI摄影不仅是技术的应用，更是艺术与技术的完美融合。尽管AI摄影的潜力巨大，但目前市场上仍缺乏系统性、实用性的AI摄影教程。本书旨在填补这一空白，为广大摄影爱好者提供一本详细、深入且实用的AI摄影学习资料。

相比于市面上的同类书籍，本书具有以下特色：

（1）细致的案例讲解

本书将从"5W2H"分析法入手，解析 AI 摄影的各个方面，包括理论基础、工具、后期等，还将讲解十种 AI 摄影工具，如剪映、豆包、通义、文心一言、文心一格、Dreamina、Midjourney、DALL·E 3 及 Stable Diffusion 等，语言通俗易懂，图文并茂，即使是摄影新手也能轻松理解，快速上手。

（2）精彩的摄影技术

本书精心策划了 13 章共 151 个实用干货内容，将全方位、多角度地深入解析 AI 摄影技术，包括如何提升 AI 照片的真实、质感、高清、细节、美感、构图、色彩、光线及视角等方面，最后一章还提供了 20 个不同领域的 AI 摄影案例，启发读者的创意思维，让 AI 技术带你走进摄影新时代。

（3）实用的后期案例

本书安排了超实用的后期处理案例，每个案例都有详细的操作步骤和图文讲解，确保读者能够快速上手，学以致用。通过后期处理技术，可以帮助读者快速提升 AI 照片的质量和美感。

（4）详细的视频教程

本书中的每一节知识点与案例讲解，都录制了带语音讲解的视频，共计 151 集教学视频，读者可以结合书本进行观看和学习，这些视频能够引导初学者快速入门，感受 AI 摄影与后期的快乐和成就感，增强进一步学习的信心，快速成为 AI 摄影与后期高手，从而创作出更多精彩的摄影作品。

如果大家想学习更多的 AI 摄影技术，可以关注我的公众号"龙飞摄影"，其中有许多专业的 AI 摄影文章与技术内容，可以拓展大家的 AI 摄影思维与眼界。

本书在编写时，是基于当前各种 AI 工具和网页平台的界面截取的实际操作图片，涉及多种软件和工具，其中剪映 App 为 13.8.0 版、豆包 App 为 3.7.0 版、通义 App 为 2.0.2 版、文心一言 App 为 3.2.5.10 版、Photoshop 为 25.0.0 版、Stable Diffusion 为 1.8.1 版。但书从写作到出版需要一段时间，在此期间，这些工具或网页的功能和界面可能会有升级或变化，请在阅读时根据书中的思路，举一反三，进行学习。

此外，还需要注意的是，即使是相同的提示词，AI 工具每次生成的图像和视频效果也会有差别，这是模型基于算法与算力得出的新结果，这是正常的，所以，大家看到书里的截图与视频有所区别，包括大家用同样的提示词，自己制作时，出来的效果也会有差异。因此，在扫码观看教程视频时，读者应把更多的精力放在提示词的编写和实操步骤上。

构图君

2024 年 6 月

目　录

第**4**章　**不够真实？ 11 个技巧增强 AI 画面写实感**　　**80**

第**5**章　**没有质感？ 十个技巧提升 AI 照片画面品质**　　**95**

第**6**章　**不够高清？ 九个技巧提高 AI 照片清晰度**　　**110**

第13章　创意摄影：20 个不同领域的 AI 热门案例　205

目录

第 1 章

5W2H 分析?
带你全方位
了解 AI 摄影

随着人工智能（artificial intelligence，AI）技术的发展，AI 摄影日益成为全球视觉艺术领域的热门话题。AI 算法的应用，使数字化的摄影和绘画创作方式更加多样化，同时创意和表现力也得到了新的提升。本章主要介绍 AI 摄影的相关知识，包括 5W2H 分析 AI 摄影、SWOT 分析 AI 摄影及 AI 摄影的相关质疑等。

1.1 5W2H 分析 AI 摄影

5W2H 是一种分析和解决问题的方法，用于帮助人们通过回答关于一个项目的问题来全面了解该项目，它代表了七个关键问题的首字母缩写，分别为 What（什么）、Why（为什么）、Who（谁）、When（何时）、Where（何地）、How（如何）、How much（多少）。图 1-1 为将 5W2H 应用于 AI 摄影中所提出来的问题。

本节将向读者详细分析关于 AI 摄影的这七个问题，让大家可以更加全面地了解 AI 摄影的本质、功能和应用场景等。

图 1-1　将 5W2H 应用于 AI 摄影中

1.1.1 AI 摄影是什么

扫码看视频

AI 摄影有以下两层含义。

第一层：是指手机厂家或手机软件开发者，直接在手机硬件或拍摄模式里，使用增强的 AI 技术或功能，辅助拍摄出更专业或更美丽的效果，比如拍摄蓝天时，手机模式会自动识别为蓝天，拍摄花朵时，手机模式会自动识别为花朵，这样手机会使用增强的 AI 功能，比如自动对焦、图像锐化等使其拍摄出来的作品更美观。

第二层：是指利用人工智能技术辅助或完全实现摄影创作的过程，这不仅可以提高摄影效率和创造性，还可以通过让计算机学习人类创作的艺术风格和规则，绘制出与真实摄影作品相似的虚拟图像，从而实现由计算机生成摄影作品的功能，效果如图 1-2 所示。本书主要以 AI 摄影的第二层含义，向大家详细讲解 AI 摄影的各个方面。

图 1-2　AI 摄影作品

AI 摄影的第二层含义，其核心理念是利用计算机算法模拟人类视觉和审美判断过程，从而使 AI 模型更好地理解、分析和处理图像。通过这种方式，AI 摄影可以实现自动化、优化和创新的摄影功能，从而提高摄影的质量和效率。

AI 摄影结合了计算机视觉、机器学习和深度学习等技术，旨在使摄影变得更智能、更高效、更创新。AI 摄影的发展为摄影领域带来了新的改变，它不仅提高了摄影的效率和便利性，还拓宽了创作的边界，使非专业人士也能轻松创作出具有专业水准的摄影作品。

图 1-3 为使用 AI 绘图工具创作的一幅唯美的风光作品，画面中的光影和色彩都非常真实、自然。

图 1-3　使用 AI 绘图工具创作的风光作品

1.1.2 为什么要用 AI 摄影

AI 摄影使摄影变得更加简单、高效和有趣，无论是专业摄影师还是摄影爱好者，都可以利用 AI 技术提升自己的摄影水平，以及创作出更加出色的摄影作品。

谈论 AI 摄影时，让大家理解为什么会出现 AI 摄影技术及它的重要性，是至关重要的，下面进行相关分析。

❶ 提高创作效率：AI 摄影技术可以模仿和学习人类摄影师的创作风格，从而生成新的及与真实摄影作品相似甚至更加优秀的虚拟图像，为摄影师提供了更多的创作灵感。

❷ 拓展摄影边界：AI 摄影不仅局限于人类摄影师的技能和想象力，还可以通过学习和模拟大量的摄影作品，发现并创作出新的摄影风格和技术，从而拓展了摄影的边界和可能性。

❸ 优化图像质量：AI 摄影技术可以智能地优化图像，改善其清晰度、色彩、对比度等，使照片更加美观和吸引人，提高了图像的质量和可用性。

❹ 提供个性化需求：AI 摄影可以根据用户的喜好和需求，提供个性化的摄影体验和效果，增强了用户的参与感和满意度。

❺ 应用于商业领域：商业摄影市场对于高效、高质量的摄影作品需求也在不断增加。但是，大多数人没有专业的摄影技能，他们渴望创作出与专业水准相媲美的作品。所以需要学习 AI 摄影，这样既降低了成本，也提高了效率。

图 1-4 为使用 AI 绘图工具创作的商品包装效果，高效且快捷。

图 1-4 使用 AI 绘图工具创作的商品包装效果

1.1.3 什么人适合用 AI 摄影

扫码看视频

使用 AI 摄影的人群十分广泛，但以下这六类人会更倾向于利用这项技术。

❶ 摄影爱好者：对摄影感兴趣的人，可以通过使用 AI 摄影技术，轻松地创作出高质量的照片，即使是初学者，也能够获得令人满意的摄影作品，如图 1-5 所示。

图 1-5　AI 长焦微距摄影作品

❷ 专业摄影师：对于专业摄影师来说，AI 摄影技术可以提高工作效率，帮助他们更快地完成任务，并且可以提供新的创作灵感和可能性。

❸ 商业摄影师：在商业摄影领域，AI 摄影技术可以帮助商业摄影师创作和处理大量的产品照片，从而节省时间和成本，提高工作效率，如图 1-6 所示。

图 1-6　AI 美食照片

❹ 普通用户：可以通过智能手机或智能相机中的 AI 摄影功能，轻松地创作出高质量的照片，无须复杂的摄影技巧和经验。

❺ 艺术家和创作者：可以利用 AI 摄影技术创作出新的艺术作品，探索摄影领域的边界和可能性，实现更加创新和个性化的创作。

❻ 科研人员：在科学研究领域，AI 摄影技术可以帮助科研人员分析和处理大量的图像数据，从而实现更精确和有效的研究成果。

1.1.4 什么时候用 AI 摄影

扫码看视频

一般什么时候会用 AI 进行摄影创作呢？这取决于摄影师的具体需求和艺术追求，主要包括以下三种情况。

❶ 需要进行创意摄影时：当摄影师想要尝试新颖、独特的摄影风格或效果时，AI 摄影可以帮助用户来实现，通过选择不同的 AI 算法和绘画工具，可以生成具有不同艺术风格和表现力的摄影作品。

❷ 需要加强艺术风格时：当摄影师已经拍摄了一些照片，但想要对它们进行后期处理以增强艺术效果，AI 摄影也是一个很好的选择。摄影师可以将原始照片输入 AI 绘画工具中，通过算法的处理和优化，可以生成更具艺术感的作品。

❸ 需要快速生成作品时：当摄影师需要在短时间内完成一些摄影作品时，AI 摄影可以极大地提高创作效率，通过自动化和智能化处理，摄影师可以快速生成高质量的摄影作品，满足紧急需求。

需要注意的是，AI 绘图工具虽然可以生成具有艺术效果的摄影作品，但它并不能完全替代摄影师的创造力和审美，AI 绘图工具需要人类思维和创造力的输入，才能生成独特风格的照片。摄影师通过提供相应的提示词和指导，引导 AI 绘图工具生成符合自己创意和意图的图像，从而赋予照片以灵魂和个性化的特点。

1.1.5 什么场景下用 AI 摄影

AI 摄影技术可以在各种场景下使用，以下是一些常见的场景。

❶ 商业摄影：在产品拍摄、广告摄影等商业领域，AI 摄影技术可以帮助摄影师拍摄和处理大量的产品照片，从而节省时间和成本，提高工作效率。

扫码看视频

❷ 个人摄影：普通用户可以通过智能手机中的 AI 摄影工具，轻松地创作出高质量的生活或旅游照片，无须复杂的摄影技巧和经验，如图 1-7 所示。

图 1-7 AI 旅游照片

❸ 艺术创作：艺术家和创作者可以利用 AI 摄影技术创作出新的艺术作品，探索摄影领域的边界和可能性，实现更加创新和个性化的创作。

❹ 艺术展览：在艺术展览和展示活动中，AI 摄影技术可以用于创作和展示各种类型的艺术作品，吸引观众的注意力并丰富展览内容，如图 1-8 所示。

图 1-8 AI 动物照片

1.1.6　怎样进行 AI 摄影

AI 摄影的基本流程主要包括确定主题内容、输入相应的提示词、生成 AI 摄影作品、对 AI 作品进行调整、后期加强作品的质感五个方面，通过摄影师的输入和指导，以及 AI 模型的算法和数据处理，AI 绘图工具可以生成具有独特风格和效果的照片，从而拓展了摄影师的创作可能性和创意空间。

图 1-9 为通过在剪映工具中输入提示词"无锡，中国现代城市，坐落在市中心的道路上，春天的时候，太阳从前方升起，景色一望无际，航拍照片捕捉到了这一场景"，生成的一幅城市风光照片效果。

图 1-9　通过剪映生成的一幅城市风光照片

如今，AI 绘画平台和工具的种类非常多，大家可以根据自己的需求选择合适的平台和工具进行绘画创作。

1.　手机端 AI 绘画工具

下面介绍七款比较好用的手机端 AI 绘画工具。

❶ 剪映 App

剪映中有一个 AI 作图功能，通过引入先进的深度学习技术，为用户提供了生成艺术作品的便捷方式，受到了广泛的好评，如图 1-10 所示。

❷ 豆包 App

豆包作为字节跳动公司新推出的免费 AI 绘画工具，融合了当下最前沿的人工智能技术，以提供用户多样化的交互体验。豆包 App 的主要功能如下。

图 1-10　剪映 App 的"创作"界面

▶ 文生文：用户可以输入文本，豆包 App 会根据输入内容智能生成相关的文本信息，这个功能可以应用于内容创作、对话模拟、问答等多种场景。

▶ 文生图：用户提供文本描述，豆包 App 能够根据描述生成相应的图片，如图 1-11 所示，为内容创作者提供了极大的便利。

▶ 多语种支持：豆包 App 支持多种语言，这让它能够服务于全球用户，跨越语言障碍进行交流和内容创作。

图 1-11　豆包 App 的"创作"界面

随着技术的不断进步和用户反馈的积累，豆包 App 未来有望在多个领域发挥更大的作用，成为人们日常生活和工作中不可或缺的工具之一。

❸ 通义 App

通义是阿里云推出的一个先进的语言模型，具备多项功能，在多轮对话、内容创作、多模态理解等方面为用户提供强大支持，这类模型的发展对于人工智能领域是一个重要的里程碑，预示着未来在人机交互、自动化内容创作及跨文化交流等领域的巨大潜力和广阔前景。图 1-12 为通义 App 的创作界面。

图 1-12　通义 App 的创作界面

❹ 文心一言 App

文心一言是百度研发的知识增强大语言模型，能够与人对话互动、回答问题、协助创作，高效便捷地帮助人们获取信息、知识和灵感。图 1-13 为使用文心一言 App 生成的照片。

❺ 文心一格小程序

文心一格是源于百度在人工智能领域的持续研发和创新的一款产品。百度在自然语言处理、图像识别等领域中积累了深厚的技术实力和海量的数据资源，以此为基础不断推进人工智能技术在各个领域的应用。

图 1-13 使用文心一言 App 生成的照片

　　文心一格是一个非常有潜力的 AI 绘画工具,它不仅可以帮助用户实现更高效、更有创意的绘画创作,支持自定义关键词、画面类型、图像比例、数量等参数,且生成的图像质量可以与人类创作的艺术品媲美,还可以帮助大家实现"一语成画"的目标,使其更轻松地创作出引人入胜的精美画作。图 1-14 为使用文心一格小程序创作的 AI 摄影作品。

图 1-14 使用文心一格小程序创作的 AI 摄影作品

❻ 腾讯智影小程序

腾讯智影是一款云端智能视频创作工具，它拥有强大的 AI 智能工具，集合了 AI 绘画、照片播报、数字人播放和智能配音等功能，旨在提升用户的创作效率，轻松创作出满意的图片或视频作品。图 1-15 为使用腾讯智影小程序创作的 AI 摄影作品。

图 1-15　使用腾讯智影小程序创作的 AI 摄影作品

❼ 美图秀秀 App

美图秀秀是一款影像处理软件，它提供了一系列功能，包括图片美化、相机、人像美容、拼图、视频剪辑等，此外它还提供了美图 AI 功能，即用户输入相应的提示词，可生成相应的 AI 作品。

2. 电脑端 AI 绘画工具

下面介绍五款比较好用的电脑端 AI 绘画工具。

❶ 剪映

剪映是一款 AI 图片创作工具，它利用先进的 AI 技术，可以识别用户输入的提示词内容，并基于这些提示词生成与之匹配的高质量图像。这样的工具对于需要快速生成创意内容的用户来说是一个巨大的福音，尤其是在内容创作竞争激烈的抖音平台上。图 1-16 为剪映的"图片生成"页面。

图 1-16　剪映的"图片生成"页面

❷ 文心一格网页版

文心一格不仅有手机 App 应用程序，还有网页端的操作页面。文心一格通过人工智能技术的应用，为用户提供了一系列高效且具有创造力的 AI 创作工具和服务，让用户在艺术和创意创作方面能够更自由、更高效地实现自己的创意，如图 1-17 所示。

图 1-17　文心一格网页端的操作页面

❸ Midjourney

Midjourney（简称 MJ）是一款 2022 年 3 月面世的 AI 绘画工具，它可以根据用户提供的自然语言描述（即提示词）生成相应的图像。通过 Midjourney，用户可以根据自己的需求和创意，快速地生成各种不同风格的图像，如图 1-18 所示。

图 1-18　Midjourney 的 AI 绘画页面

❹ DALL·E 3

DALL·E 3 是由 OpenAI 公司开发的第三代 DALL·E 图像生成模型，它能够利用深度学习技术，理解用户输入的文字提示，并据此创作出符合描述的独特图片，如图 1-19 所示。需要注意的是，DALL·E 3 与 ChatGPT 都是由 OpenAI 公司开发的人工智能模型。

图 1-19　DALL·E 的 AI 绘画页面

❺ Stable Diffusion

Stable diffusion（简称为 SD）是一个开源的深度学习生成模型，能够根据任意文本描述生成高质量、高分辨率、高逼真度的图像效果。现在，Stable Diffusion 提供了网页版的操作入口，用户不需要高配置的电脑、显卡和操作系统，也无须下载大模型，即可轻松使用 Stable Diffusion 进行 AI 绘画，如图 1-20 所示。

图 1-20　使用网页版 Stable Diffusion 进行 AI 绘画

1.1.7　AI 摄影需要多少钱

目前，大部分的 AI 摄影绘画工具是免费的，例如，剪映 App、豆包 App、通义 App、文心一言 App 等，暂时不需要付费。

而在文心一格绘画平台中，需要使用"电量"进行创作，"电量"主要用于兑换文心一格平台上的图片生成服务、指定公开画作下载服务及其他增值服务等。大家可以通过每天签到打卡来获取"电量"，也可以进行充值服务，如图 1-21 所示。

扫码看视频

而 Midjourney 或 DALL·E 3 等其他几个平台，也需要一定的服务费（充值会员），才可以进行 AI 摄影创作。

图 1-21　文心一格"电量"领取与充值页面

1.2　SWOT 分析 AI 摄影

SWOT 分析法是一种常用的战略规划工具，是 strengths（优势）、weaknesses（劣势）、opportunities（机会）和 threats（威胁）的首字母缩写，主要用来评估一个对象（包括工具、项目或个人等）的优势、劣势、机会和威胁，如图 1-22 所示。

图 1-22　SWOT 分析法

使用 SWOT 分析法来分析 AI 摄影的优势、劣势、机会和威胁等方面，可以帮助我们全面理解这一 AI 技术领域的战略位置及其未来潜在的发展方向。

1.2.1　分析 AI 摄影的优势

扫码看视频

相较于传统摄影技术，AI 摄影具有许多独有的优点。例如，快速高效、图像质量高和处理效率高等，这些优点不仅提高了摄影的质量和效率，还为摄影师和用户带来了全新的体验。

❶ 快速高效：利用人工智能技术，AI 摄影的大部分工作都可以自动进行，从而提高了出片效率。例如，使用 Midjourney 可以在一分钟内生成一张花卉照片。

❷ 图像质量高：AI 绘图工具利用人工智能算法可以有效提升图像的质量，包括增强细节、降噪、自动修复瑕疵等，使照片更加清晰、生动、真实。

❸ 处理效率高：AI 绘图工具可以自动处理图像的色彩、对比度、清晰度等方面，节省了摄影师进行烦琐后期处理的时间和精力，这种自动化的后期处理使得摄影师可以更加专注于创作过程，而不是技术细节上。

❹ 创意更多：AI 绘图工具可以生成、编辑和变换图像，从而实现创造性的拓展，这些 AI 绘图工具可以生成各种艺术风格的图像，或者创作出全新的概念和想法，为摄影带来更多的创意可能性。

❺ 模仿艺术风格：AI 绘图工具可以模仿各种艺术风格，并将其应用到摄影作品中，这种模仿和学习过程有助于摄影师了解不同艺术风格的特点和应用，从而拓展自己的艺术视野和创作技巧。

1.2.2　分析 AI 摄影的劣势

扫码看视频

虽然 AI 摄影在许多方面都有显著的优势，但也存在一些潜在的劣势，包括缺乏人类创造力、过度依赖技术、算法偏差和失真等方面，下面进行相关分析。

❶ 缺乏人类创造力：AI 绘图工具生成的图像可能会缺乏独特性和个性化，难以表达人类的情感和思想。

❷ 过度依赖技术：部分摄影师可能会过度依赖 AI 绘图工具，而忽视了自身的摄影技术和创作能力，降低了摄影师的独立创作能力。

❸ 算法偏差和失真：AI 绘图工具的训练数据可能存在偏差，导致生成的图像具有某些失真或不真实的特征。例如，生成的人像照片表情不自然、手指的数量不对、五官出问题等，如图 1-23 所示。

图 1-23　人物手指的形态与数量不对

我们首先要明白一个核心点，这些作品是使用深度学习算法来生成的，而算法是建立在采集的数据之上的，所以，问题出在数据的采集与训练上，具体原因有以下四点。

❶ 数据采集的局限性：如果训练的数据中包含的人物图像或动物图像在某些特定姿势或表情上不够丰富，AI 可能难以准确生成这些细节。

❷ 解析的复杂难度性：人的手指、面部表情及动物的脚部等细节，具有高度的复杂性和多样性，模型可能会在这些区域产生不准确或不自然的图像。

❸ 训练的注意力偏差：在训练 AI 模型的过程中，模型可能会学习到偏向于数据集中更频繁或更显眼特征的偏差，而忽视了例如手指、脚等微观细节。

❹ 生成中的逻辑限制：在处理诸如手指、脚这样的复杂细节时，模型可能无法完美平衡这些因素，导致生成的图像在某些细节上出现逻辑错误或不一致。

我们如何规避 AI 作品的这些缺点呢？首先，要精准地表达提示词，例如，"表情要自然""五官要端正""体现四条腿"等；其次，要注重提示词的语法逻辑，可以采用万能公式法：主题＋主体＋背景＋构图＋光影＋颜色＋画质；最后，让 AI 模型多生成几次，直到生成出我们满意的作品。在后期处理中，也可以对 AI 作品的瑕疵进行相应处理。

1.2.3　分析 AI 摄影的机会

AI 摄影技术为摄影行业带来了许多机会，包括开发智能化的 AI 摄影工具和软件、建设在线 AI 摄影平台、利用 AI 摄影技术创作独特的摄影作品、开发基于 AI 摄影技术的应用程序、提供 AI

扫码看视频

摄影技术咨询和培训服务等。随着 AI 技术的不断进步，AI 摄影有望与更多先进技术融合，例如，虚拟现实、增强现实等，从而创造更多的拍摄体验和可能性。AI 摄影还可以与时尚、广告、娱乐等多个行业结合，创造新的商业机会。

另外，现在很多影楼已经开始进行 AI 摄影了，例如，拍摄个人写真照，摄影师只需要单独拍摄一张人物照片，即可生成多种风格的 AI 背景效果，画面真实、唯美，如图 1-24 所示。

图 1-24　利用 AI 创作的个人写真照效果

1.2.4　分析 AI 摄影的威胁

AI 摄影面临着技术、伦理和法律上的挑战，主要包括以下四点。

❶ AI 摄影可能会取代一些传统的摄影师工作，对摄影行业的就业造成威胁。

❷ AI 生成的图像可能涉及版权和知识产权的问题，需要明确的法律来规范。

❸ AI 摄影可能被用于制造虚假新闻或宣传，对社会伦理和信任造成挑战。

❹ AI 技术可能被恶意使用，用于制造虚假证据或进行欺诈活动。

1.3　AI 摄影的相关质疑

有一部分人对 AI 摄影发出了质疑，觉得 AI 摄影没有灵魂、AI 摄影不够真实、AI 作品没有质感、AI 摄影没有体验感等，本节将针对这些问题，进行分析和探讨。

1.3.1 AI 摄影没有灵魂

扫码看视频

有一部分人觉得 AI 摄影没有灵魂，其实相机或 AI 软件都只是创作的工具，相机是一种硬件工具，AI 是一种软件工具，我们的头脑、思想、眼光，才是作品的灵魂所在。无论是相机实拍，还是 AI 摄影，只要有原创的主题、有独特的构图、有漂亮的光影、有耐看的颜色，就都是好的作品。

摄影师的创造力和想象力是 AI 绘图工具生成独特风格照片的关键，没有摄影功底生成出来的作品，只能说是 AI 绘画，而在提示词中加入了自己摄影的专业知识、摄影术语，这才是 AI 摄影。摄影的未来，不仅是大脑 + 相机的结合，还是大脑 + AI 的结合，更是大脑 + 相机 + AI 的三合一，这样眼界才更宽，才能走得更远。

AI 绘图工具可以根据摄影师提供的提示词和指导，自动生成图像，每个摄影师都有自己独特的审美观和创作风格，这种个性化的特点会反映在他们输入给 AI 绘图工具的提示词和指导中。相机拍摄的作品，灵魂是你自己；AI 摄影生成的作品，灵魂依旧是你自己，是你自己的头脑、思想，是你对摄影构图、光影、色彩的运用。因此，AI 绘图工具的生成过程，实际上是摄影师与算法的共同创作过程，这也完全体现了 AI 摄影与传统摄影之间的关系，其本质还是摄影师的创造力和想象力。

图 1-25 的这幅 AI 摄影作品，营造出了一种神秘的氛围，石榴果实被雨水淋湿，表面的露珠清晰可见，光线和色彩的真实感非常强，这张作品的呈现就是摄影师自己的灵魂。

图 1-25　一幅石榴果实的 AI 摄影作品

1.3.2　AI 摄影不够真实

要想让 AI 生成的作品足够真实、自然，可以采取以下六种方法。

❶ 自然的场景和主题：选择自然、真实的场景和主题，避免选择过于抽象或不真实的主题，这样可以使照片看起来更加真实和自然。图 1-26 所示的这张城市建筑风光照片，就是选取了自然的场景、主题和光线，生成的照片和摄影师拍出来的效果一样，很真实。

图 1-26　自然的场景和主题

❷ 注意细节和纹理：在照片生成和后期处理过程中，要注重细节和纹理的呈现，使照片更加真实，尽量避免过度平滑或不真实的纹理。

❸ 合理的色彩和光影：确保色彩和光影的呈现与真实世界相符合，避免过度饱和或不自然的色彩和光影效果，调整色彩和光影时要尽量保持自然和真实感，如图 1-27 所示。

图 1-27　AI 照片中真实的自然色彩和光影效果

❹ 情感和表达：在照片生成和后期处理中，要注重情感和表达，这样可以使照片更加真实和自然，这需要在提示词上下功夫。

❺ 审美风格和风格化处理：避免过度使用特定的审美风格或风格化处理，尽量保持照片的"原汁原味"。

❻ 审美整合和平衡：在对照片进行各种处理和调整时，要注意审美整合和平衡，确保各种调整能够协调一致，保持照片整体的美感与和谐感。

1.3.3 AI作品没有质感

扫码看视频

AI作品是否具有质感，这是一个涉及艺术审美和个人感受的复杂问题。质感通常是指艺术作品中所表现出来的物质感、细节处理、色彩层次等视觉和触觉上的特征，它与作品的创作手法和表现形式紧密相关。对于AI创作的作品，是通过算法和机器学习技术生成的，它们可能展现出与传统手工艺术作品不同的视觉特征，但并不意味着它们就没有质感。

艺术审美是非常主观的，每个人对于"质感"的理解和感受都可能不同。有些人认为AI作品缺乏人类艺术家的情感和灵魂，因此觉得它们没有质感；而有些人则可能欣赏AI作品的独特性和创新性，认为它们具有自己特殊的质感。

AI可以作为摄影师的辅助工具，与摄影师共同创作作品，这样既有AI技术特色，又融入了摄影师个人风格的艺术作品，这样的作品具有丰富的质感，如图1-28所示。

图1-28　AI照片具有真实的质感

1.3.4 AI 摄影没有体验感

扫码看视频

在传统摄影中，摄影师可以通过调整相机设置、选择镜头、构图等方式来创造独特的拍摄体验。然而，因为 AI 摄影是基于算法和模型的自动化处理生成的图像，相较于传统摄影来说，可能缺乏某些人认为重要的"体验感"。

其实，AI 摄影提供了一种全新的摄影体验，这种体验与传统摄影不同，但并不意味着它就不具有体验感。体验感是多样的，包括对新技术的探索、对创新作品的欣赏及对创作过程的新理解，AI 摄影正是提供了这样一种多样化的体验。

对于观众来说，AI 摄影作品是否具有体验感也取决于他们对 AI 创作的接受程度，一些人可能会对 AI 创作的艺术作品持怀疑态度，认为缺乏人类情感的投入。然而，有越来越多的人开始欣赏 AI 艺术，认为它是一种全新的艺术表现形式。

在摄影实践中，摄影师可以根据自己的需求和喜好选择传统摄影和 AI 摄影相结合的方式，以获得更丰富和多样化的摄影体验。AI 摄影与传统摄影，是相辅相成的，AI 摄影可以指导线下实拍，增加线下的体验感，同时线下实拍的体验感，也可以在生成 AI 摄影作品时融入进来，这样彼此相互促进，才能创作出更好的 AI 摄影作品及实拍作品。

第 1 章

5W2H 分析？带你全方位了解 AI 摄影

23

第 **2** 章

电脑太难？五种手机 AI 工具助你快速出片

　　手机 AI 绘画工具是一类利用人工智能技术和深度学习模型的应用程序，旨在帮助用户轻松创建 AI 摄影作品，这些工具拥有简单易用的界面，允许用户通过几个简单的步骤，即可生成中国画、二次元、油画、水彩画等不同风格的艺术作品。本章主要介绍五种比较好用的 AI 绘画工具，帮助用户快速创作出 AI 摄影作品。

2.1 剪映 App：一键生成 AI 摄影作品

剪映是一款专业的视频编辑软件，它提供了丰富视频编辑功能，包括剪辑、滤镜、特效等。虽然它主要用于视频编辑，但也具备一些 AI 绘画功能，例如，AI 作图、AI 商品图、AI 特效等，可以帮助用户轻松生成满意的 AI 摄影作品。本节主要介绍安装剪映 App 的步骤，以及使用剪映 App 中的"AI 作图"功能一键生成 AI 摄影作品的方法。

2.1.1 下载、安装并打开剪映 App

在使用剪映 App 中的"AI 作图"功能之前，首先需要下载、安装并打开剪映 App 界面，下面介绍具体的操作方法。

扫码看视频

▶▶ 步骤 1 打开手机中的应用商店，如图 2-1 所示。

▶▶ 步骤 2 点击搜索栏，在搜索文本框中输入"剪映"，点击"搜索"按钮，即可搜索到剪映 App，点击剪映 App 右侧的"安装"按钮，如图 2-2 所示。

图 2-1　打开应用商店

图 2-2　点击"安装"按钮

指点：剪映 App 中的"AI 作图"功能是一项引人瞩目的技术创新，它结合了深度学习和图像处理领域的最新技术，为用户提供了便捷、高效且多样化的图片编辑体验。

剪映 App 主要是使用抖音账号登录的，用户使用抖音账号登录剪映 App 后，即可使用其中的"AI 作图"功能进行 AI 摄影创作。

▶▶ 步骤 3　执行操作后，即可开始下载并自动安装剪映 App，安装完成后，在手机桌面上会显示剪映 App 的应用程序图标，如图 2-3 所示。

▶▶ 步骤 4　点击剪映 App 的应用程序图标，进入剪映 App 界面，弹出"个人信息保护指引"面板，点击"同意"按钮，如图 2-4 所示。

▶▶ 步骤 5　进入剪映 App 的"剪辑"界面，点击右上角的"展开"按钮，如图 2-5 所示。

图 2-3　显示应用程序

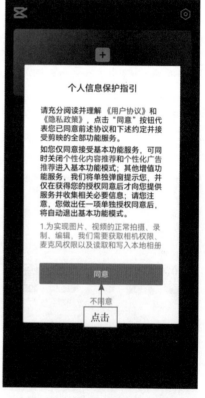

图 2-4　点击"同意"按钮

▶▶ 步骤 6　展开相应面板，其中有一个"AI 作图"功能，如图 2-6 所示，我们就是通过剪映 App 中的"AI 作图"功能进行 AI 摄影创作的。

图 2-5　点击"展开"按钮

图 2-6　选择"AI 作图"功能

2.1.2　通过提示词轻松生成花卉作品

使用剪映的"AI 作图"功能，只需要在文本框中输入相应的提示词内容，即可进行 AI 绘画，效果如图 2-7 所示。

下面介绍通过提示词轻松生成花卉作品的操作方法。

扫码看视频

图 2-7　效果展示

▶▶ 步骤1 在"剪辑"界面中，点击右上角的"展开"按钮，展开相应面板，点击"AI 作图"图标，如图 2-8 所示。

▶▶ 步骤2 执行操作后，进入 AI 作图界面，在"用简单的文案创作精彩的图片"下方，点击输入框，如图 2-9 所示。

图 2-8　点击"AI 作图"图标

图 2-9　点击输入框

指点：使用剪映的"AI 作图"功能生成摄影作品时，如果遇到人物五官不协调或手指有问题等细节错误时，是比较常见的问题，这些问题通常由 AI 模型在处理复杂细节时的局限性引起。此时，可以让 AI 模型多生成几次，直到生成的作品我们满意为止。

▶▶ 步骤3 输入相应的提示词内容，点击"立即生成"按钮，如图 2-10 所示。

▶▶ 步骤4 执行操作后，进入"创作"界面，其中显示了刚生成的 AI 摄影作品，选择第二张图片，点击下方的"超清图"按钮，如图 2-11 所示。

▶▶ 步骤5 执行操作后，即可生成高清图片，点击生成的图片，如图 2-12 所示。

▶▶ 步骤6 进入相应界面，点击右上角的"导出"按钮，如图 2-13 所示，即可导出图片。

图 2-10　点击"立即生成"按钮

图 2-11　点击"超清图"按钮

图 2-12　点击生成的图片

图 2-13　点击"导出"按钮

2.1.3　获取热门提示词生成户外作品

在"AI作图"工具中，有一个"灵感"页面，其中提供了一系列优秀作品和相应的提示词，这样的功能对用户具有多方面的用

扫码看视频

途和好处，通过观察和分析别人的优秀作品，用户可以学习到不同的艺术风格、构图技巧及如何有效地使用提示词来引导AI生成期望的图像，效果如图2-14所示，这对于初学者来说是一种快速提高创作能力的方法。

图2-14　效果展示

下面介绍获取热门提示词生成户外作品的操作方法。

▶▶步骤1　在"剪辑"界面中，点击"AI作图"图标，进入"创作"界面，点击"灵感"标签，进入"灵感"界面，如图2-15所示。

▶▶步骤2　点击上方的"摄影"标签，切换至"摄影"选项卡，选择相应的图片模板，点击"做同款"按钮，如图2-16所示。

图2-15　进入"灵感"界面　　　图2-16　点击"做同款"按钮

指点："灵感"页面中的提示词，可以作为用户创作过程中的引导和指导，能够帮助用户更好地理解自己想要表达的内容，并将其转化为具体的图像，这些提示词可以促使用户思考不同的视角和主题，从而丰富他们的创作。

　　用户还可以将自己的作品分享到"灵感"页面上，与其他用户进行交流和分享经验，这种社区互动可以促进用户之间的交流和合作，形成艺术创作的社区氛围。

　▶▶ 步骤3　进入"创作"界面，其中显示了模板中的提示词内容，点击"立即生成"按钮，如图 2-17 所示。

　▶▶ 步骤4　执行操作后，即可生成相应类型的 AI 图片，如图 2-18 所示。

图 2-17　点击"立即生成"按钮　　　　图 2-18　生成 AI 图片

2.2　豆包 App：通过指令生成创意作品

　　豆包 App 是一款由字节跳动公司推出的免费 AI 绘画工具，用户可输入文本生成相关图像，支持多种语言，服务全球用户，为内容创作者提供了便利。本节主要介绍安装豆包 App 的步骤，以及使用豆包 App 中的"AI 图片生成"功能一键生成 AI 摄影作品的方法。

2.2.1 下载、安装并打开豆包 App

字节跳动公司提供网页端、iOS 端和 Android 端的豆包应用程序，用户可以使用手机号和抖音账号进行登录。下面介绍下载、安装并打开豆包 App 界面的操作方法。

▶▶ 步骤1 在手机的应用商店中输入并搜索"豆包"，在搜索结果中，点击对应软件右侧的"安装"按钮，如图 2-19 所示，即可开始下载并自动安装豆包 App。

▶▶ 步骤2 安装完成后，点击软件右侧的"打开"按钮，如图 2-20 所示。

图 2-19　点击"安装"按钮　　　图 2-20　点击"打开"按钮

▶▶ 步骤3 弹出"欢迎使用 豆包"面板，点击"同意"按钮，如图 2-21 所示。

▶▶ 步骤4 进入相应界面，选中底部的"已阅读并同意豆包的服务协议和隐私政策"选项，点击"抖音一键登录"按钮，如图 2-22 所示。

▶▶ 步骤5 执行操作后，即可快速进入"豆包"界面，如图 2-23 所示。

▶▶ 步骤6 点击左上角的按钮，返回"对话"界面，其中有一个"AI 图片生成"选项，如图 2-24 所示，使用该选项可以进行 AI 摄影创作。

图 2-21　点击"同意"按钮

图 2-22　点击"抖音一键登录"按钮

图 2-23　进入"豆包"界面

图 2-24　选择"AI 图片生成"选项

2.2.2　通过提示词轻松生成慢门作品

扫码看视频

豆包 App 中的"AI 图片生成"功能，是指利用人工智能技术，特别是深度学习模型，理解用户输入的文本描述，并基于这些描述生成相应的图像，效果如图 2-25 所示。

图 2-25　效 果 展 示

下面介绍通过提示词轻松生成慢门作品的操作方法。

▶▶ 步骤 1　打开豆包 App，进入"对话"界面，选择"AI图片生成"选项，如图 2-26 所示。

▶▶ 步骤 2　进入"创作"界面，点击下方的文本框，如图 2-27 所示。

图 2-26　选择"AI图片生成"选项　　　图 2-27　点击下方的文本框

指点：豆包 App 的界面设计简洁明了，用户可以轻松地通过语音输入进行交互，而且支持多种语音音色选择，使得交流更为自然亲切。用户还可以自定义 AI 智能体，类似于 AI 伴侣，允许用户通过提问和交流来逐步塑造智能体的性格和知识库，以满足个性化的使用场景。

▶▶ 步骤3 输入相应的提示词，点击右侧的发送按钮↑，如图 2-28 所示。

▶▶ 步骤4 执行操作后，即可生成相应的 AI 摄影图片，如图 2-29 所示。

图 2-28 点击右侧的"发送"按钮

图 2-29 生成相应的 AI 摄影图片

▶▶ 步骤5 点击第一张图片，即可放大显示，如图 2-30 所示。

▶▶ 步骤6 点击第三张图片，然后点击下载按钮↓，如图 2-31 所示，即可下载图片。

图 2-30 放大显示第一张图片

图 2-31 点击"下载"按钮

2.3　通义 App：感受 AI 摄影的魅力

通义 App 是阿里云推出的一个 AI 绘画工具，用户可以通过自然语言输入描述图像，而模型则能够理解并生成对应的 AI 摄影作品，这种结合扩展了 AI 的应用范围，提供了更直观且便捷的创作方式。本节主要介绍安装通义 App 的步骤，以及使用通义 App 中的"文字作画"功能一键生成 AI 摄影作品的方法。

2.3.1　下载、安装并打开通义 App

用户使用通义 App 进行 AI 摄影之前，首先需要安装并打开通义 App 界面，具体操作步骤如下。

扫码看视频

▶▶ 步骤1　在手机的应用商店中输入并搜索"通义"，在搜索结果中，点击对应软件右侧的"安装"按钮，如图 2-32 所示，即可开始下载并自动安装通义 App。

▶▶ 步骤2　安装完成后，点击软件右侧的"打开"按钮，如图 2-33 所示。

图 2-32　点击"安装"按钮

图 2-33　点击"打开"按钮

▶▶ 步骤3　弹出"用户协议及隐私政策提示"面板，点击"同意"按钮，如图 2-34 所示。

▶▶ 步骤 4 执行操作后，进入相应界面，用户需要使用自己的手机号码注册通义账号，注册完成后，即可进入通义 App 主界面，如图 2-35 所示。

图 2-34　点击"同意"按钮

图 2-35　进入通义 App 主界面

2.3.2　通过提示词轻松生成荷花作品

在通义 App 中，用户根据需要输入相应的提示词内容，即可生成符合要求的 AI 摄影作品，效果如图 2-36 所示。

扫码看视频

图 2-36　效果展示

下面介绍通过提示词轻松生成荷花作品的操作方法。

▶▶ 步骤 1 打开通义 App，进入"助手"界面，点击"频道"标签，如图 2-37 所示。

▶▶ 步骤 2 进入"频道"界面，选择"文字作画"选项，如图 2-38 所示。

图 2-37　点击"频道"标签　　　　图 2-38　选择"文字作画"选项

▶▶ 步骤3　进入相应界面，在上方文本框中输入相应提示词，如图 2-39 所示。

▶▶ 步骤4　点击"油画"按钮，如图 2-40 所示，添加油画风格。

▶▶ 步骤5　点击"生成创意画作"按钮，进入"创作记录"界面，其中显示了刚生成的 AI 绘画作品，如图 2-41 所示。

图 2-39　输入相应提示词　　　　图 2-40　点击"油画"按钮

▶▶ 步骤6 点击第三张图片，放大显示图片效果，点击下载按钮⬇，如图 2-42 所示，即可下载所选图片。

图 2-41 生成 AI 绘画作品

图 2-42 点击"下载"按钮

2.4 掌握文心一言与文心一格生成作品

文心·言是一款以语言理解和生成为核心的人工智能应用，而文心一格则是一款以视觉艺术和设计为核心的人工智能应用，两款 AI 工具专注于不同领域，但它们同时集成了 AI 绘画功能，旨在通过先进的 AI 技术提升用户体验。本节主要介绍掌握文心一言和文心一格生成 AI 摄影作品的操作方法。

2.4.1 文心一言 App：生成雪后楼台作品

文心一言是百度研发的知识增强大语言模型，用户不仅可以使用 AI 推荐的提示词与模型进行对话外，还可以输入自定义的提示词与 AI 模型进行交流，从而轻松创作出满意的 AI 摄影作品，如图 2-43 所示，文心一言特别适合需要频繁进行艺术创作的人群。

扫码看视频

图 2-43　效果展示

下面介绍下载、安装并使用文心一言进行 AI 摄影的操作方法。

▶▶ 步骤 1　在手机的应用商店中输入并搜索"文心一言"，在搜索结果中，点击对应软件右侧的"安装"按钮，如图 2-44 所示，即可开始下载并自动安装文心一言 App。

▶▶ 步骤 2　安装完成后，点击"文心一言"右侧的"打开"按钮，如图 2-45 所示。

图 2-44　点击"安装"按钮

图 2-45　点击"打开"按钮

▶▶ 步骤 3　弹出"温馨提示"面板，其中显示了软件的相关协议信息，点击"同意"按钮，如图 2-46 所示。

▶▶ 步骤4 进入账号登录界面，选择需要登录的账号，弹出相应面板，点击"同意并继续"按钮，如图 2-47 所示。

图 2-46　点击"同意"按钮　　　图 2-47　点击"同意并继续"按钮

▶▶ 步骤5 进入"助手"界面，在下方文本框中输入相应的提示词，如图 2-48 所示。

▶▶ 步骤6 点击发送按钮 ⚪，即可得到文心一言 App 生成的 AI 作品，如图 2-49 所示。

图 2-48　输入相应的提示词　　　图 2-49　生成的 AI 作品

2.4.2 文心一格小程序：生成春季桃花作品

文心一格作为一款基于深度学习技术开发的AI绘画工具，以其强大的生成能力和精准的控制手段受到广泛关注，其中的"AI创作"功能融合了艺术创意和人工智能技术，使得生成的画作不仅具有极高的逼真度和细腻度，还散发着独特的艺术气息和创意灵感。

图 2-50 为使用文心一格小程序创作的 AI 摄影作品。

图 2-50　使用文心一格小程序创作的 AI 摄影作品

下面介绍搜索、打开并使用文心一格进行 AI 摄影的操作方法。

▶▷ 步骤 1　打开"微信"界面，如图 2-51 所示。

▶▷ 步骤 2　从上往下滑动界面，进入"最近"界面，点击"搜索"按钮，如图 2-52 所示。

▶▷ 步骤 3　输入需要搜索的内容"文心一格"，即可显示搜索到的小程序，如图 2-53 所示。

▶▷ 步骤 4　点击"文心一格"小程序，进入"文心一格"界面，点击底部的"AI创作"按钮，如图 2-54 所示。

▶▷ 步骤 5　执行操作后，进入"AI创作"界面，如图 2-55 所示。

▶▷ 步骤 6　在上方文本框中输入相应的提示词，点击"立即生成"按钮，如图 2-56 所示。

图 2-51　打开"微信"界面

图 2-52　点击"搜索"按钮

图 2-53　显示搜索到的小程序

图 2-54　点击"AI 创作"按钮

电脑太难？五种手机 AI 工具助你快速出片

图 2-55　进入"AI 创作"界面

图 2-56　点击"立即生成"按钮

> 指点：与文心一言相比，文心一格的 AI 绘画功能更加注重艺术创作和设计领域，它包含了更加多样化的绘画风格和更高级的图像处理技术，还可以自由选择图像的尺寸类型，使用户能够根据自己的需求定制个性化的艺术作品。
>
> 　　无论是想要创作一幅具有特定风格的画作，还是需要为产品设计一个独特的视觉元素，文心一格的 AI 绘画功能都能够提供强大的支持。

▶▷ 步骤7　进入"预览图"界面，其中显示了刚生成的四幅 AI 作品，如图 2-57 所示。

▶▷ 步骤8　选择第二幅图片，点击"提升分辨率"按钮，如图 2-58 所示。

▶▷ 步骤9　执行操作后，即可提升 AI 图片的分辨率，点击"下载"按钮，如图 2-59 所示，即可下载图片。

▶▷ 步骤10　用同样的方法，提升第三幅图片的分辨率，点击"下载"按钮，如图 2-60 所示，即可下载图片。

图 2-57　生成 AI 作品

图 2-58　点击"提升分辨率"按钮

图 2-59　点击"下载"按钮（1）

图 2-60　点击"下载"按钮（2）

电脑太难？五种手机 AI 工具助你快速出片

第 **3** 章

如何提效？五种 电脑 AI 工具生 成创意作品

电脑平台的 AI 绘画工具是指能够在个人电脑上运行的应用程序，它们利用人工智能技术和深度学习模型，帮助用户轻松地进行 AI 摄影与艺术创作，这些工具具有更丰富的功能和更强大的性能，相比手机 App 应用，它们能够更充分地利用电脑的计算资源，提供更高质量的图像生成功能。本章主要介绍五种电脑 AI 工具，帮助用户利用 AI 技术创作出令人惊叹的作品，从而满足自己的创作需求。

3.1 剪映：生成图像和视频作品

剪映是由字节跳动公司抖音旗下的剪映推出的一款 AI 图片创作和绘画工具，用户只需要提供简短的文本提示描述，AI 就能快速根据这些描述将创意和想法转化为图像，这种方式极大地简化了创意内容的制作过程，让创作者能够将更多的精力投入创意和故事的构思中。本节主要介绍使用剪映生成 AI 图像和视频作品的操作方法。

3.1.1 登录账号的具体步骤

使用剪映生成 AI 作品之前，首先需要打开剪映网站，并登录相关账号资料，才可以进行 AI 绘画，具体操作步骤如下。

扫码看视频

▶▶ 步骤 1　在电脑中打开相应浏览器，输入剪映的官方网址，打开官方网站，在网页的右上角位置，单击"登录"按钮，进入相应页面，如图 3-1 所示。

图 3-1　打开官方网站并登录

▶▶ 步骤 2　执行操作后，选中相关的协议复选框，然后单击"登录"按钮，如图 3-2 所示。

如何提效？五种电脑 AI 工具生成创意作品

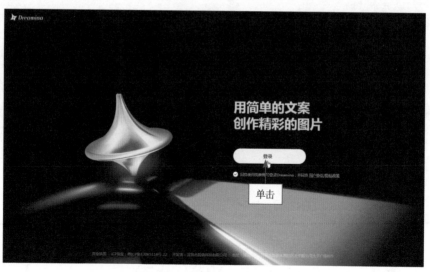

图 3-2　单击"登录"按钮

指点：由于剪映是一种较新的 AI 技术，它的应用范围和功能还在不断扩展中，它不仅局限于传统的图像和视频创作，未来可能还会包括更多的艺术创作领域，例如，动画、游戏设计等。对于创作者来说，剪映开辟了一条快速将创意变为现实的新途径，使得个人和专业创作都能以更低的门槛享受到 AI 带来的便利。

▶▶ 步骤3　弹出"抖音"窗口，打开手机上的抖音 App，进入扫一扫界面，然后用手机扫描窗口中的二维码，如图 3-3 所示。

图 3-3　扫描窗口中的二维码

指点：如果用户没有抖音账号，可以去手机的应用商店中下载抖音 App，然后通过手机号码注册、登录，然后打开抖音 App 界面，点击左上角的按钮，在弹出的列表框中点击"扫一扫"按钮，即可进入扫一扫界面。

▶▶步骤4　执行操作后，在手机上同意授权，即可登录剪映账号，右上角显示抖音账号的头像，则表示登录成功，如图 3-4 所示。

图 3-4　右上角显示抖音账号的头像

3.1.2　通过提示词生成动物摄影作品

使用剪映中的"文生图"功能，输入相应的提示词，选择合适的模型，然后设置相应的图片比例，即可轻松创作出满意的 AI 作品，效果如图 3-5 所示。

扫码看视频

图 3-5　效果展示

下面介绍通过提示词生成动物摄影作品的操作方法。

▶▶步骤1　在剪映网页的"图片生成"选项区中，单击"文生图"按钮，如图 3-6 所示。

图 3-6 单击"文生图"按钮

指点：剪映除了可以生成新的图像，还可以对已有的图片进行编辑和增强，用户可以通过描述想要的效果，例如，改变颜色或调整构图，使 AI 自动完成这些更改。

▶▶步骤2 执行操作后，进入"图片生成"页面，在左侧的"输入"文本框中输入相应的提示词内容，如图 3-7 所示。

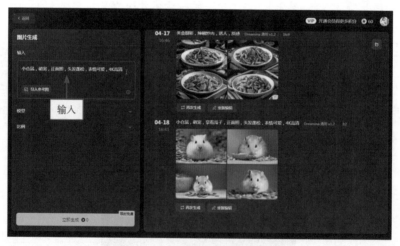

图 3-7 输入相应的提示词内容

▶▶步骤3 单击"模型"右侧的下三角按钮☑，展开"模型"选项区，在"生图模型"列表框中选择一个合适的大模型，在下方设置"精细度"为 37，如图 3-8 所示，设置 AI 图片的精细度细节，使生成的 AI 图片更加真实。

▶▶步骤4 单击"比例"右侧的下三角按钮☑，展开"比例"选项区，选择 3：2 选项，如图 3-9 所示，设置 AI 图片的比例为 3：2，这种宽高比通常被认为是相机拍摄的标准比例，因为它与 35 毫米底片相机的传统比例相匹配。

图 3-8　设置"精细度"为 37　　　　　图 3-9　选择 3 : 2 选项

▶▶ 步骤 5　单击"立即生成"按钮，稍等片刻，即可生成四张符合提示词内容的 AI 图片，单击第一张图片中的"超清图"按钮 HD，如图 3-10 所示。

图 3-10　单击"超清图"按钮

▶▶ 步骤 6　执行操作后，即可生成超清晰的 AI 图片，将鼠标移至图片上，单击"下载"按钮 ⬇，如图 3-11 所示，即可下载 AI 图片。

如何提效？五种电脑 AI 工具生成创意作品

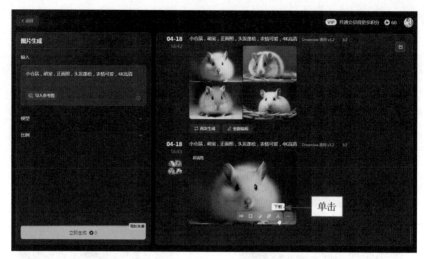

图 3-11　单击"下载"按钮

3.1.3　通过提示词生成风光短视频作品

在数字时代的浪潮中，视频内容已成为信息传播和娱乐产业的核心驱动力，随着 AI 技术的飞速发展，视频生成模型正逐渐从概念走向现实。

扫码看视频

剪映中的"视频生成"功能可以免费生成 3 秒的视频效果，主要利用深度学习、计算机视觉和自然语言处理等技术，可以自动生成各种类型的视频，包括动画、影片、特效视频等。用户可以通过输入文字、图像等内容来启动生成过程，剪映会根据输入的内容生成相应的视频，效果如图 3-12 所示。

图 3-12　使用"视频生成"创作短视频

指点：目前，剪映每天会给账号免费赠送 60 积分，生成一个视频需要花 12 积分，因此一天可以使用免费赠送的积分生成五个视频，如果开通会员身份，可以获得更多的积分。

下面介绍通过提示词生成风光短视频作品的操作方法。

▶▶ 步骤1　在剪映网页左侧的"AI 工具"选项区中，单击"视频生成"按钮 ，如图 3-13 所示。

▶▶ 步骤2　进入"视频生成"页面，如图 3-14 所示。在该页面的"图片生视频"选项卡中，用户可以单击"上传图片"按钮，上传一张图片，以图片生成相应的视频效果。

图 3-13　单击"视频生成"按钮　　　图 3-14　点击"上传图片"按钮

▶▶ 步骤3　这里单击"文本生视频"标签，切换至"文本生视频"选项卡，在文本框中输入相应的提示词，如图 3-15 所示。

▶▶ 步骤4　在下方设置"运镜类型"为"保持镜头"，"视频比例"为 9∶16，如图 3-16 所示。

▶▶ 步骤5　单击"生成视频"按钮，稍等片刻，即可生成相应的视频效果，在右侧面板中可以预览生成的视频效果，如图 3-17 所示。

如何提效？五种电脑 AI 工具生成创意作品

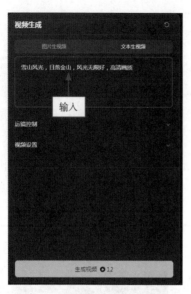

图 3-15　输入相应的提示词

图 3-16　设置运镜类型与视频比例

图 3-17　预览生成的视频效果

3.2　文心一格：生成创意十足的 AI 作品

文心一格中的 AI 绘画功能为用户提供了一个强大的创意工具，使摄影创作不再局限于传统的相机拍摄，而是可以通过先进的技术手段，快速实现复杂的视觉创意。本节主要介绍通过文心一格生成 AI 摄影作品的操作方法。

3.2.1　登录账号的具体步骤

使用文心一格进行 AI 摄影创作之前，首先需要打开官方主页并登录账号信息，具体操作步骤如下。

▶▶ 步骤1　打开相应浏览器，输入文心一格的官方网址，打开网站，如图 3-18 所示。

图 3-18　打开文心一格的官方网站

▶▶ 步骤2　在网页的右上角位置，单击"登录"按钮，进入相应页面，提示用户需要使用百度 App 扫码登录，如图 3-19 所示。

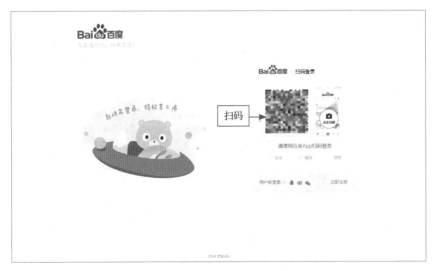

图 3-19　使用百度 App 扫码登录

▶▶步骤3 在手机上打开百度 App，进入主界面，点击"我的"标签，如图 3-20 所示。

▶▶步骤4 进入"我的"界面，点击右上角的按钮，如图 3-21 所示。

▶▶步骤5 打开扫码界面，扫描图 3-19 中的二维码，此时手机上提示扫码登录信息，点击"确认登录"按钮，如图 3-22 所示。

图 3-20　点击"我的"
标签

图 3-21　点击"扫一扫"
按钮

图 3-22　点击
"确认登录"按钮

▶▶步骤6 执行操作后，即可登录文心一格账号，页面中显示账号的相关信息和电量，如图 3-23 所示。

图 3-23　显示账号的相关信息和电量

指点：在文心一格中，"电量"是文心一格平台为用户提供的数字化商品，用于兑换文心一格平台上的图片生成服务、指定公开画作下载服务及其他增值服务等。

　　每生成一张图片需要消耗两个电量，在主页右侧单击电量图标 ，即可进入电量领取与充值页面，在其中可以查看电量的相关细则，用户还可以通过每天签到的方式来领取相应数量的电量，若开通会员，还有电量礼包赠送。

3.2.2　通过提示词生成江南风光作品

对于新手来说，可以直接使用文心一格的"推荐"AI绘画模式，只需要输入提示词（该平台也将其称为创意），即可让 AI 自动生成画作，效果如图 3-24 所示。

扫码看视频

图 3-24　效果欣赏

下面介绍通过提示词生成江南风光作品的操作方法。

▶▷ 步骤 1　登录文心一格后，单击"立即创作"按钮，进入"AI 创作"页面，在"推荐"选项卡中输入相应的提示词，如图 3-25 所示。

指点：在"文心一格"页面的左侧，有一个"自定义"选项卡，使用"自定义"AI绘画模式，用户可以设置更多的提示词，从而让生成的图片效果更加符合自己的需求。

▶▷ 步骤 2　在下方设置"数量"为 2，单击"立即生成"按钮，如图 3-26 所示。

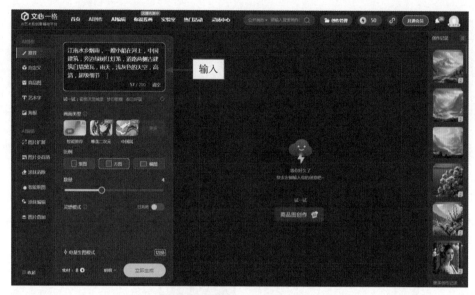

图 3-25　输入相应的提示词

图 3-26　单击"立即生成"按钮

指点：文心一格的画面类型非常多，包括"智能推荐""唯美二次元""中国风""艺术创想""插画""明亮插画""炫彩插画""超现实主义""像素艺术"等类型，用户可根据需要进行相应选择。

▶▶ 步骤3　执行操作后，即可生成两幅 AI 绘画作品，单击生成的图片，即可放大预览图片效果，如图 3-27 所示。

图 3-27　放大预览图片效果

3.2.3　通过参考图创作花卉特写作品

使用文心一格的"上传参考图"功能,用户可以上传任意一张图片,通过文字描述想修改的地方,实现以图生图的效果,如图 3-28 所示。

扫码看视频

图 3-28　效果展示

下面介绍通过参考图创作花卉特写作品的操作方法。

▶▶ 步骤 1　在"AI 创作"页面的"自定义"选项卡中,输入相应提示词,在"选择 AI 画师"下方选择"具象"选项,如图 3-29 所示,可以使生成的图片更加精细且具体。

图 3-29　选择"具象"选项

▶▶ 步骤2　在"上传参考图"选项区中，单击"我的作品"文字链接，弹出相应面板，切换至"上传本地图片"面板，单击"选择文件"按钮，如图 3-30 所示。

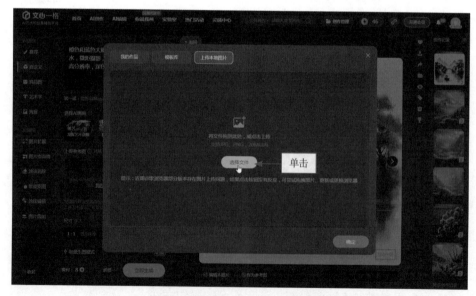

图 3-30　单击"选择文件"按钮

▶▶ 步骤3　弹出"打开"对话框，在其中选择相应的参考图，如图 3-31 所示。

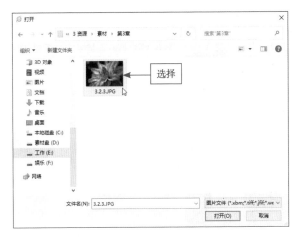

图 3-31　选择相应的参考图

▶▶ 步骤 4　单击"打开"按钮，此时在"上传本地图片"面板中显示了上传的参考图，单击"确定"按钮，如图 3-32 所示。

图 3-32　单击"确定"按钮

> 指点：在图 3-30 中，各面板名称具体含义如下。
> 我的作品：可以从账号中生成的 AI 作品中选择相应的参考图。
> 模板库：可以从文心一格的模板库中选择相应的参考图。
> 上传本地图片：可以上传本地文件夹中的任意图片作为参考图。

▶▶ 步骤 5　返回"AI 创作"页面，设置"影响比重"为 1，使生成的图片与参考图具有高度相似性，然后设置"数量"为 2，单击"立即生成"按钮，如图 3-33 所示。

图 3-33　单击"立即生成"按钮

▶▶ 步骤6　执行操作后，即可生成两幅 AI 绘画作品，单击生成的图片，即可放大预览图片效果，效果如图 3-34 所示。

图 3-34　放大预览图片效果

3.3　Midjourney：生成更专业的 AI 作品

Midjourney 是一个通过人工智能技术进行绘画创作的工具，用户可以在其中输入文字、图片等提示内容，让 AI（即 AI 模型）自动创作出符合要求的画作。本节主要介绍通过 Midjourney 平台生成更专业的 AI 摄影作品的方法。

3.3.1　通过提示词生成乡村美景作品

Midjourney 主要使用 imagine 指令和提示词等文字描述来完成 AI 绘画操作，效果如图 3-35 所示。注意，用户应尽量输入英文提示词，AI 模型对于英文单词的首字母大小写格式没有要求，但提示词中的每个提示词中间要添加一个逗号（英文字体格式）或空格，便于 Midjourney 更好地理解提示词的整体内容。

图 3-35　效果展示

下面介绍通过提示词生成乡村美景作品的操作方法。

▶▶ 步骤 1　在 Midjourney 下面的输入框内输入"/"（正斜杠符号），在弹出的列表框中选择 imagine 指令，如图 3-36 所示。

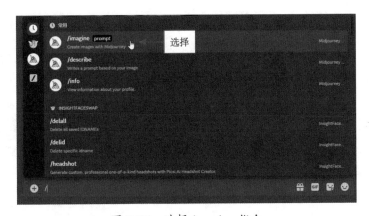

图 3-36　选择 imagine 指令

▶▶ 步骤 2　在 imagine 指令下方的 prompt 输入框中输入相应提示词，如图 3-37 所示。

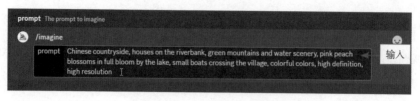

图 3-37　输入相应提示词

▶▷ 步骤3　按【Enter】键确认，即可看到 Midjourney Bot 已经开始工作了，并显示图片的生成进度，稍等片刻，Midjourney 将生成四张对应的图片，如图 3-38 所示。

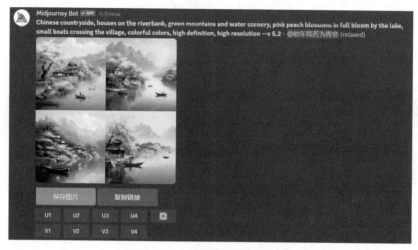

图 3-38　生成四张对应的图片

▶▷ 步骤4　单击 U1 按钮，生成大图效果，如图 3-39 所示。

图 3-39　生成大图效果

3.3.2 通过参考图创作汽车宣传作品

扫码看视频

在 Midjourney 中，用户可以使用 describe 指令获取图片的提示词（即图生文），然后再根据提示内容和图片链接来生成类似的图片，这个过程称为图生图，也称为"垫图"，原图与效果对比如图 3-40 所示。

图 3-40　原图与效果对比

需要注意的是，提示词就是关键词或指令的统称，网上大部分用户也将其称为"咒语"。下面介绍通过参考图创作汽车宣传作品的操作方法。

▶▶ 步骤 1　在 Midjourney 下面的输入框内输入"/"（正斜杠符号），在弹出的列表框中选择 describe 指令，如图 3-41 所示。

▶▶ 步骤 2　执行操作后，在弹出的"选项"列表框中选择 image（图像）选项，如图 3-42 所示。

图 3-41　选择 describe 指令　　　　图 3-42　选择 image 选项

指点：Midjourney 搭载了 Discord 社区，用户在使用 Midjourney 进行 AI 绘画时，可以通过 Discord 机器人访问该工具，并使用各种指令与 Discord 平台上的 Midjourney Bot（机器人）进行交互，从而告诉它你想要获得一张什么样的效果图片。

另外，在 Midjourney 中，用户可以使用 blend 指令快速上传 2 ～ 4 张图片，然后分析每张图片的特征，并将它们混合生成一张新的图片。

▶▷ 步骤 3 执行操作后，单击上传按钮 📷，如图 3-43 所示。

▶▷ 步骤 4 弹出"打开"对话框，选择相应的图片，单击"打开"按钮，即可将图片添加到 Midjourney 的输入框中，如图 3-44 所示，按两次【Enter】键确认。

图 3-43　单击"上传"按钮

图 3-44　将图片添加到输入框中

▶▷ 步骤 5 执行操作后，Midjourney 会根据用户上传的图片生成四段提示词，如图 3-45 所示。用户可以通过复制提示词或单击下面的 1 ～ 4 按钮，以相应图片为模板生成新的图片效果。

▶▷ 步骤 6 单击图片下方的"复制链接"按钮，如图 3-46 所示，复制图片链接。

图 3-45　生成四段提示词

图 3-46　单击"复制链接"按钮

▶▶ 步骤 7 　执行操作后，在图片下方单击 1 按钮，如图 3-47 所示。

▶▶ 步骤 8 　弹出 Imagine This!（想象一下！）对话框，在 PROMPT 文本框中的提示词前面粘贴复制的图片链接，如图 3-48 所示。注意，如果用户希望 Midjourney 生成的图与上传的图相似度较高，可以在提示词的最后加上 –iw 2 指令。

图 3-47　单击"1"按钮

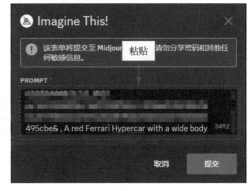
图 3-48　粘贴复制的图片链接

▶▶ 步骤 9 　单击"提交"按钮，即可以参考图为模板生成四张图片，如图 3-49 所示。

图 3-49　生成四张图片

指点：Midjourney 生成的图片效果下方的 U 按钮表示放大选中图片的细节，可以生成单张的大图效果，而 V 按钮的功能是以所选的图片样式为模板重新生成四张图片。

如何提效？五种电脑 AI 工具生成创意作品

▶▶步骤 10 单击 U3 按钮，放大第三张图片，效果如图 3-50 所示。

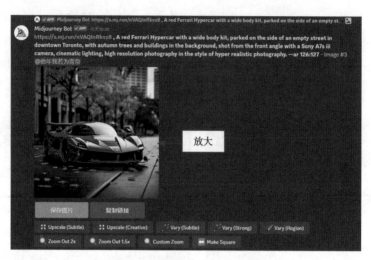

图 3-50 放大图片效果

3.4 DALL·E 3：生成真实感的 AI 作品

DALL·E 3 是 OpenAI 公司开发的一款先进的人工智能程序，它能够根据文字提示生成高质量、高分辨率的图片和艺术作品。DALL·E 3 是 DALL·E 系列的第三代，继 DALL·E 和 DALL·E 2 之后推出。与前两代相比，DALL·E 3 在图像的质量、创造力和细节处理方面都有显著提升。DALL·E 3 通过理解文字提示中的描述，可以创作出与之匹配的图像。本节主要介绍通过 DALL·E 3 平台生成个性化 AI 摄影作品的方法。

3.4.1 在 GPTs 商店中查找 DALL·E 3

扫码看视频

GPTs 是 OpenAI 公司推出的自定义版本的 ChatGPT，通过 GPTs 能够根据自己的需求和偏好，创建一个完全定制的 ChatGPT。无论是要一个能帮忙梳理电子邮件的助手，还是一个随时提供创意灵感的伙伴，GPTs 都能让这一切变成可能。

简而言之，GPTs 允许用户根据特定需求创建和使用定制版的 GPT 模型，这些定制版的 GPT 模型被称为 GPTs，而 DALL·E 是 ChatGPT 官方推出的 GPTs，我们只需要在 GPTs 商店中找到 DALL·E 便可直接进行使用。下面介绍具体的操作方法。

指点：DALL·E 3 拥有非常强大的图像生成能力，可以根据文本提示词生成各种风格的高质量图像。OpenAI 公司表示，DALL·E 3 比以往系统更能理解细微差别和细节，让用户更加轻松地将自己的想法转化为非常准确的图像。

尽管 DALL·E 3 背后的技术极其复杂，但 DALL·E 3 的界面设计得非常直观，用户无须具备专业的图像编辑技能或深厚的艺术知识就可以轻松使用。

▶▶ 步骤 1　在 ChatGPT 主页的侧边栏中，单击"探索 GPTs"按钮，如图 3-51 所示。

图 3-51　单击"探索（GPTs）"按钮

▶▶ 步骤 2　进入 GPTs 页面，用户可以在此选择自己想要添加的 GPTs，例如，在输入框中输入 DALL·E，在弹出的列表框中选择 DALL·E 选项，如图 3-52 所示。

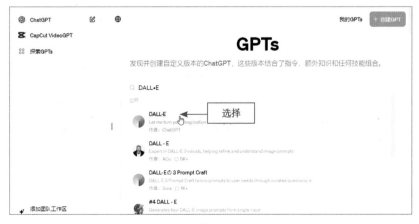

图 3-52　选择 DALL·E 选项

▶▷ 步骤3 执行操作后，即可跳转至新的ChatGPT页面，此时我们正处在DALL·E的操作界面中，单击左上方DALL·E旁边的下拉按钮 ∨，在弹出的列表框中选择"保持在侧边栏"选项，如图3-53所示。

▶▷ 步骤4 执行操作后，即可将DALL·E保留在侧边栏中，方便我们下次使用，如图3-54所示。

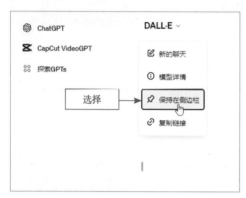

图 3-53 选择"保持在侧边栏"选项　　图 3-54 将DALL·E保留在侧边栏中

3.4.2 通过提示词生成公园风光作品

在DALL·E 3中，用户可以通过文字描述来指定想要生成的图像风格、内容、色彩等，DALL·E 3能够理解这些描述并创作出相应的图像，效果如图3-55所示。

扫码看视频

图 3-55 效果展示

下面介绍通过提示词生成公园风光作品的操作方法。

▶▷ 步骤1 打开ChatGPT，进入DALL·E的操作界面，在输入框内输入以下提示词。

> 提问：在一个安静的公园里，一位老人和一位小孩手牵手在小径上散步，春色满园，风光唯美，尼康 D850 相机拍摄，高清细节，真实感摄影。

▶▶ 步骤 2 　按【Enter】键确认，随后 DALL·E 将根据用户提供的提示词，生成相应的图片，如图 3-56 所示。

图 3-56　DALL·E 根据提示词生成两张图片

▶▶ 步骤 3 　单击第一张图片，进入预览状态，如图 3-57 所示。

▶▶ 步骤 4 　单击第二张图片，单击下载按钮⬇，如图 3-58 所示，即可将图片进行保存。

图 3-57　进入预览状态

图 3-58　单击"下载"按钮

> 指点：在DALL·E3中进行AI绘图时，需要用户注意的是，即使是相同的提示词，DALL·E3每次生成的图片效果也不一样。

3.5　Stable Diffusion：生成高质量的AI作品

Stable Diffusion是一个开源的文本到图像的生成模型，由Stability AI公司与合作伙伴共同开发。它能够根据用户提供的文字描述生成相应的图像，支持广泛的创造性和自定义内容生成。Stable Diffusion的设计目标之一是提供一个高性能、易于使用和可访问的图像生成工具，使得更广泛的用户群体能够利用先进的AI技术进行图像创作。

例如，LiblibAI是一个热门的AI绘画模型网站，使用了Stable Diffusion这种先进的图像扩散模型，可以根据用户输入的文本提示词快速地生成高质量且匹配度非常精准的图像。不过，网页版的Stable Diffusion通常需要付费才能使用，用户可以通过购买平台会员来获得更多的生成次数和更高的生成质量。

> 指点：毫不夸张地说，Stable Diffusion的开源对生成式人工智能（artificial intelligence generated content，AIGC）的繁荣和发展起到了巨大的推动作用，因为它让更多的人能够轻松上手进行AI绘画。如果用户对Stable Diffusion感兴趣的话，可以学习电脑版的Stable Diffusion软件。

本节主要介绍使用网页版Stable Diffusion平台生成高质量的AI摄影作品的方法。

3.5.1　登录账号的具体步骤

使用网页版Stable Diffusion生成AI作品之前，首先需要打开相关网站，并登录账号信息，才可以进行AI绘画，具体操作步骤如下。

扫码看视频

▶▶ 步骤1　打开浏览器，输入相应网址，进入LiblibAI主页，单击右上角的"登录/注册"按钮，如图3-59所示。

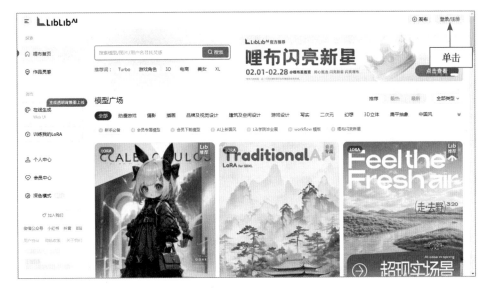

图 3-59 单击"登录 / 注册"按钮

▶▶ 步骤 2 进入"登录"界面，如图 3-60 所示，输入相应的手机号与验证码。

图 3-60 输入相应的手机号与验证码

▶▶ 步骤 3 单击"登录"按钮，弹出欢迎界面，在其中设置用户名与兴趣标签，单击"下一步"按钮，如图 3-61 所示。

▶▶ 步骤 4 在其中设置自己的身份，并根据界面提示进行相关选择，单击"开始使用"按钮，如图 3-62 所示。至此，完成账号的登录操作。

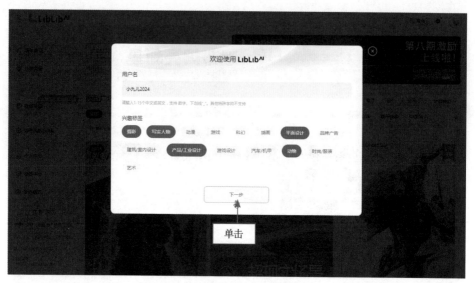

图 3-61　单击"下一步"按钮

图 3-62　单击"开始使用"按钮

3.5.2　通过提示词生成家电产品摄影

使用 Stable Diffusion 可以非常轻松地实现文生图，只要我们输入一个文本描述（即提示词），它就可以在几秒内为我们生成一张精美的图片，效果如图 3-63 所示。

扫码看视频

图 3-63　效果展示

下面介绍通过提示词生成美食摄影作品的操作方法。

▶▶ 步骤1　进入 LiblibAI 主页，单击左侧的"在线生成"按钮，如图 3-64 所示。

▶▶ 步骤2　执行操作后，进入 LiblibAI 的"文生图"页面，在 CHECKPOINT（大模型）列表框中选择一个基础算法大模型，如图 3-65 所示。基础算法 V1.5.safetensors 是一个强大的文本转图像模型，能够实现从文本描述到高质量、高分辨率图像的转换。

图 3-64　单击"在线生成"按钮

图 3-65　选择一个基础算法大模型

▶▷ 步骤3　在"提示词"和"负向提示词"文本框中输入相应的文本描述，如图 3-66 所示，通过输入精心设计的提示词，可以引导模型理解你的意图，并生成符合你期望的图像。

图 3-66　输入相应的文本描述

▶▷ 步骤4　在 Lora 选项卡中，选择相应的 Lora 模型，用于控制画风，如图 3-67 所示。

▶▷ 步骤5　在页面下方设置合适的出图参数、尺寸和图片数量，如图 3-68 所示，单击"开始生图"按钮，即可生成相应的图像，效果如图 3-63 所示。

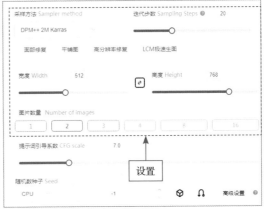

图 3-67　选择相应的 Lora 模型　　　图 3-68　设置出图参数、尺寸和图片数量

3.5.3　通过提示词生成人像艺术作品

扫码看视频

图生图是一种基于深度学习技术的图像生成方法，它可以将一张图片通过转换得到另一张与之相关的新图片，这种技术广泛应用于计算机图形学、视觉艺术等领域。网页版 Stable Diffusion 中的图生图功能允许用户输入一张图片，并通过添加文本描述的方式输出修改后的新图片，原图与效果对比如图 3-69 所示。

图 3-69　效果展示

下面介绍使用 Stable Diffusion 中的"图生图"进行 AI 绘画的操作方法。

▶▶ 步骤1 在 LiblibAI 的 AI 绘画页面中，单击"图生图"标签，切换至"图生图"选项卡，在页面下方单击按钮，如图 3-70 所示。

▶▶ 步骤2 弹出"打开"对话框，选择一张照片素材，单击"打开"按钮，即可上传照片素材，如图 3-71 所示。

图 3-70　单击相应按钮　　　　图 3-71　上传照片素材

指点：在"图生图"选项卡的右侧，有一个"局部重绘"选项卡，局部重绘是 Stable Diffusion 图生图中的一个重要功能，它能够针对图像的局部区域进行重新绘制，从而做出各种创意性的图像效果。局部重绘功能可以让用户更加灵活地控制图像的变化，它只针对特定的区域进行修改和变换，而保持其他部分不变。局部重绘功能可以应用到许多场景中，用户可以对图像的某个区域进行局部增强或改变，以实现更加细致和精确的图像编辑。

▶▶ 步骤3 在 CHECKPOINT（大模型）列表框中选择一个二次元风格的大模型，然后输入相应的提示词，重点写好反向提示词，避免产生低画质效果，如图 3-72 所示。

▶▶ 步骤4 在页面下方设置"采样方法"为 DPM++ SDE Karras、"迭代步数"为 30，让图像细节更丰富、精细，如图 3-73 所示。

▶▶ 步骤5 在页面中，继续设置"图片数量"为 2、"重绘幅度"为 0.50，让新图更接近于原图，如图 3-74 所示。单击"开始生图"按钮，即可将真人照片转换为二次元风格，效果如图 3-69（右）所示。

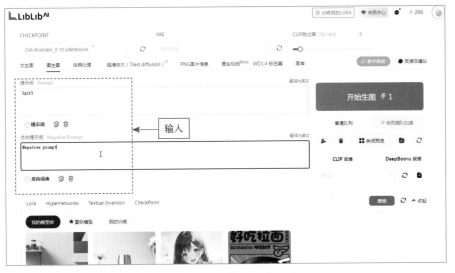

图 3-72　输入相应的提示词

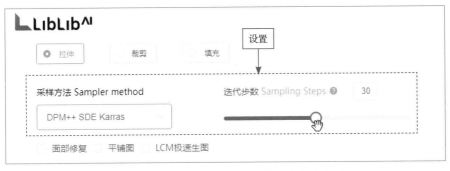

图 3-73　设置"采样方法"和"迭代步数"参数

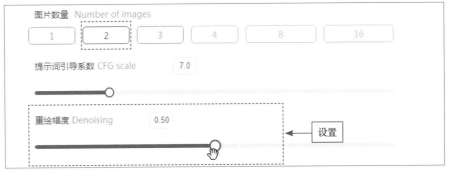

图 3-74　设置"图片数量"和"重绘幅度"参数

指点：在 LiblibAI 首页中，有许多的大模型，用户可以根据需求选择相应的大模型，将其加入模型库，即可在绘画的时候选择相应的大模型。

第 **4** 章

不够真实？ 11 个技巧增强 AI 画面写实感

AI 生成的图像逼真度取决于多种因素，包括但不限于 AI 模型所使用的算法、训练数据的质量和数量、模型的复杂度及生成过程中的参数设置等。随着技术的发展，AI 在图像生成方面取得了显著的进步，能够生成越来越逼真的视觉效果。本章将通过 11 个前期与后期技巧来增强 AI 画面的写实感，让 AI 照片更具有吸引力。

4.1 AI 摄影生成技巧：增强照片真实感的六类提示词

在 AI 摄影中，相机指令扮演着至关重要的角色，它是"捕捉瞬间的工具、记录时间的眼睛"。相机指令包括相机的型号、光圈、镜头、焦距、景深及镜头等，通过相机指令的控制，可以让 AI 绘图工具捕捉到真实世界或创作出想象世界的画面。本节主要介绍如何通过六类提示词增强照片真实感的方法。

4.1.1 模拟相机拍摄的真实感，体验 AI 摄影的魅力

在 AI 摄影绘画中，运用一些相机型号指令，模拟相机拍摄的画面效果，从而使照片给观众带来更加真实的视觉感受。在 AI 摄影绘画中添加相机型号指令，能够给用户带来更大的创作空间，让 AI 摄影作品更加多样化、更加精彩。

扫码看视频

例如，全画幅相机是一种具备与 35mm 胶片尺寸相当的图像传感器的相机，它的图像传感器尺寸较大，通常为 36mm×24mm，可以捕捉更多的光线和细节，效果如图 4-1 所示。

图 4-1 模拟全画幅相机生成的照片效果

这张 AI 摄影作品使用的提示词如下：
美丽的夏季景观，以绿色的草地、湖泊和白雪皑皑的山脉为背景，阿尔卑斯山自然田园般的浪漫场景，阳光明媚的蓝天，水面上的镜面反射，尼康 D850。

在 AI 摄影中，全画幅相机的提示词有：Nikon D850、Canon EOS 5D Mark IV、Sony α7R IV、Canon EOS R5、Sony α9 II。注意，这些提示词都是品牌相机型号，没有对应中文解释，英文单词的首字母大小写也没有要求。

4.1.2　通过模拟光圈参数，轻松打造专业级 AI 摄影效果

光圈是指相机镜头的光圈孔径大小，它的主要作用是控制镜头进光量的大小、影响照片的亮度和景深效果。例如，大光圈（光圈参数值偏小，如 f/1.8）会产生浅景深效果，使主体清晰而背景模糊，效果如图 4-2 所示。

扫码看视频

图 4-2　模拟大光圈生成的照片效果

这张 AI 摄影作品使用的提示词如下：
风力发电，黄昏时中国泰山上的风力涡轮机，下面是山脉和海雾。月亮高高地挂在上面，营造出一种大气的天空景象，鸟瞰图捕捉到远处山峰的全景，使用尼康 D850 相机以高分辨率摄影的风格捕捉细节和纹理，尼康 D850 AF-S NIKKOR 85 毫米 f/1.8G。

在 AI 摄影中，常用的光圈提示词有：Canon EF 50mm f/1.8 STM、Nikon AF-S NIKKOR 85mm f/1.8G、Sony FE 85mm f/1.8、zeiss otus 85mm f/1.4 apo planar t*、canon ef 135mm f/2l usm、samyang 14mm f/2.8 if ed umc aspherical、sigma 35mm f/1.4 dg hsm 等。

4.1.3　使用相机镜头提示词，生成各种真实的画面效果

不同的镜头类型具有独特的特点和用途，它们为摄影师提供了丰富的创作选择。在 AI 摄影中，用户也可以根据主题和创作需求，添加合适的镜头类型指

令来表达自己的视觉语言。下面介绍几种常用的相机镜头提示词。

❶ 标准镜头：也称为正常镜头或中焦镜头，通常指焦距为 35 mm ~ 50 mm 的镜头，能够以自然、真实的方式呈现被摄主体，使画面具有较为真实的感觉。在 AI 摄影中，常用的标准镜头提示词有：Nikon AF-S NIKKOR 50mm f/1.8G、Sony FE 50mm f/1.8、Sigma 35mm f/1.4 DG HSM Art、Tamron SP 45mm f/1.8 Di VC USD。标准镜头类提示词适用于多种 AI 摄影题材，例如人像摄影、风光摄影、街拍摄影等。

❷ 广角镜头：是指焦距较短的镜头，通常小于标准镜头，它具有广阔的视角和大景深，能够让照片更具震撼力和视觉冲击力。在 AI 摄影中，常用的广角镜头提示词有：Canon EF 16-35mm f/2.8L III USM、Nikon AF-S NIKKOR 14-24mm f/2.8G ED、Sony FE 16-35mm f/2.8 GM、Sigma 14-24mm f/2.8 DG HSM Art，图像效果如图 4-3 所示。

图 4-3　模拟广角镜头生成的照片效果

这张 AI 摄影作品使用的提示词如下：
上海城市景观，外滩和浦东商业区的日落美景，摩天大楼林立，城市天际线全景，充满活力的天蓝色主题，高分辨率摄影，专业相机镜头，广角，黄金时段照明，以专业摄影师的风格航拍上海。

❸ 长焦镜头：是指具有较长焦距的镜头，它提供了更窄的视角和较高的放大倍率，能够拍摄远距离的主体或捕捉画面细节。在 AI 摄影中，常用的长焦镜头提示词有：nikon af-s nikkor 70-200mm f/2.8e fl ed vr、Canon EF 70-200mm f/2.8L IS III USM、Sony FE 70-200mm f/2.8 GM OSS、Sigma 150-600mm f/6-6.3 DG OS HSM Contemporary。

指点：使用长焦镜头相关的提示词可以压缩画面景深，拍摄远处的风景，呈现出独特的视觉效果。另外，在生成野生动物或鸟类等 AI 摄影作品时，使用长焦镜头相关的提示词还能够将远距离的主体拉近，捕捉到细节及丰富的画面。

❹ 微距镜头：是一种专门用于拍摄近距离主体的镜头，例如，昆虫、花朵、食物和小型产品等拍摄对象，能够展示出主体微小的细节和纹理，呈现出令人惊叹的画面效果。在 AI 摄影中，常用的微距镜头提示词有：微距摄影、Canon EF 100mm f/2.8L Macro IS USM、Nikon AF-S VR Micro-Nikkor 105mm f/2.8G IF-ED、Sony FE 90mm f/2.8 Macro G OSS、Sigma 105mm f/2.8 DG DN Macro Art。

4.1.4　使用相机焦距提示词，让摄影作品的视角更加真实

焦距是指镜头的光学属性，表示从镜头到成像平面的距离，它会对照片的视角和放大倍率产生影响。例如，35 mm 是一种常见的标准焦距，视角接近人眼所见，适用于生成人像、风景、街拍等 AI 摄影作品，效果如图 4-4 所示。

扫码看视频

图 4-4　模拟 35mm 焦距生成的照片效果

这张 AI 摄影作品使用的提示词如下：

一个穿着粉色格子裙、白色 T 恤和长裤的中国高中女生坐在她面前的绿草上，一片空旷的田野，面带微笑，穿着皮鞋，细腻的皮肤，柔和的色调，自然的动作，全身照片，Sony FE 35mm F1.8。

在 AI 摄影中，其他的焦距提示词还有：24mm 焦距，这是一种广角焦距，适合广阔的风光摄影、建筑摄影等；50mm 焦距，具有类似人眼视角的特点，适合人像摄影、风光摄影、产品摄影等；85mm 焦距，这是一种中长焦距，适合人像摄影，能够产生良好的背景虚化效果，突出主体；200mm 焦距，这是一种长焦距，适合野生动物摄影、体育赛事摄影等。

指点：用户在写提示词时，应重点考虑各个提示词的排列顺序，因为前面的提示词会有更高的图像权重，也就是说越靠前的提示词对于出图效果的影响越大。

4.1.5 使用背景虚化提示词，突出照片主体让背景更柔和

背景虚化类似于浅景深，是指使主体清晰而背景模糊的画面效果，同样需要通过控制光圈大小、焦距和拍摄距离来实现。背景虚化可以使画面中的背景不再与主体竞争注意力，从而让主体更加突出，效果如图 4-5 所示。

扫码看视频

图 4-5 模拟背景虚化生成的照片效果

这张 AI 摄影作品使用的提示词如下：

一张白色的桌子，上面放着一个优雅的篮子，里面装满了粉色的玫瑰，背景是大海，蓝色的，平静的，背景虚化，鲜花很新鲜，浪漫的风格，真实的摄影，高清的细节，高分辨率。

在 AI 摄影中，常用的背景虚化提示词有：背景虚化、背景虚化效果、模糊的背景、点对焦、焦距、距离。

4.1.6 使用镜头光晕提示词，为 AI 照片增添浪漫的氛围

镜头光晕是指在摄影中由光线直接射入相机镜头造成的光斑、光晕效果，它是由于光线在镜头内部反射、散射和干涉而产生的光影现象，可以营造出特定的氛围和增强影调的层次感，效果如图 4-6 所示。

扫码看视频

在 AI 摄影中，常用的镜头光晕提示词有：镜头光晕、镜头照明、选择性聚焦、闪闪发光的、有斑点的、光源、光圈、镜头镀膜。

图 4-6 模拟镜头光晕生成的照片效果

这张 AI 摄影作品使用的提示词如下：
日落照在中国杭州西湖的荷叶上，镜头光晕效果，有一座古亭。背景是山脉、蓝天、白云、绿色植物、明亮的色彩和高清摄影。高分辨率，高质量，专业的照片效果。

4.2　AI 摄影后期处理：提升照片真实感的五大技巧

Photoshop（简称 PS）广泛应用于 AI 摄影与设计领域，无论是瑕疵修复、颜色调整还是光影还原，Photoshop 都能满足用户的需求，Photoshop 具有强大的后期处理功能，对于用户通过 AI 工具生成的摄影照片，Photoshop 可以轻松对其进行优化处理，提升图片的真实感。本节主要介绍运用 Photoshop 提升照片真实感的五大技巧。

4.2.1　通过锐化处理，让 AI 照片更加清晰真实

锐化工具 △ 用于增强图像的清晰度和细节，它通过增强图像的边缘对比度，使图像中的细节更加明显和清晰。锐化工具 △ 可以帮助改善模糊或不够清晰的摄影照片，使其看起来更加鲜明和有吸引力，原图与效果对比如图 4-7 所示。

扫码看视频

> 指点：锐化工具可增加相邻像素的对比度，将较软的边缘明显化，使图像聚焦。此工具不适合过度使用，因为将会导致图像严重失真。在 Photoshop 中，用户还可以使用"滤镜"|"锐化"|"智能锐化"来设置锐化算法，或控制阴影和高光区域中的锐化量，起到使画面细节清晰起来的作用，而且能避免色晕等问题。

图 4-7　原图与效果对比

下面介绍通过锐化处理让 AI 照片更加清晰自然的操作方法。

▶▶ 步骤 1　单击"文件"|"打开"命令，打开一幅素材图像，选取工具

箱中的锐化工具 △ ，如图 4-8 所示。

▶▶ 步骤2 将鼠标指针移至鞋子图像上，按住鼠标左键并拖动进行涂抹，如图 4-9 所示，即可锐化主体图像。

图 4-8　选取锐化工具　　　　　　　图 4-9　锐化图像效果

指点：在 Photoshop 中，选取工具箱中的锐化工具 △ 后，工具属性栏如图 4-10 所示。

图 4-10　锐化工具属性栏

在锐化工具属性栏中，用户可以根据需要设置画笔涂抹的大小和硬度，还可以设置锐化图像的混合模式、强度、角度等细节，使锐化效果更符合用户的要求。

4.2.2　利用移除工具，轻松修复照片中的乱码文字

大部分 AI 绘画模型生成的图像中的文字都是乱码，用户可以在后期使用 Photoshop 工具，将图像中原本的乱码文字移除，然后在合适位置上添加相应的广告文字，以达到最佳的视觉效果。使用 Photoshop 中的移除工具 ✄ ，可以一键智能去除照片中的乱码文字或干扰元素，使照片更加真实、自然，原图与效果对比如图 4-11 所示。

扫码看视频

下面介绍利用移除工具轻松修复照片中的乱码文字的操作方法。

▶▶ 步骤1 单击"文件"|"打开"命令，打开上一例的文件，选取工具箱中的移除工具 ✄ ，在工具属性栏中设置"大小"为 45，如图 4-12 所示。

图 4-11 原图与效果对比

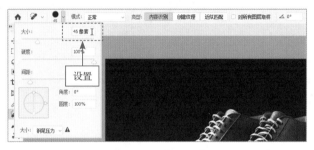

图 4-12 设置移除工具属性栏中"大小"参数

▶▶ 步骤2 移动鼠标指针至图像中的乱码文字上，按住鼠标左键并拖动，对文字进行涂抹，鼠标涂抹过的区域呈深色显示，如图 4-13 所示。

▶▶ 步骤3 释放鼠标左键，即可去除多余的文字元素，效果如图 4-14 所示。

图 4-13 涂抹图像　　　　　　　　图 4-14 涂抹后效果

4.2.3 调整色彩平衡，让 AI 照片更接近真实世界

色彩平衡是照片后期处理中的一个重要环节，可以校正画面偏色的问题，以及色彩过饱和或饱和度不足的情况，用户也可以根据自己的喜好和制作要求，调制需要的色彩，实现更真实的画面效果，原图与效果对比如图 4-15 所示。

扫码看视频

图 4-15　原图与效果对比

Photoshop 中的"色彩平衡"命令会通过增加或减少处于高光、中间调及阴影区域中的特定颜色，改变画面的整体色调。例如，本案例中的 AI 照片画面整体色调偏青绿，紫藤花的紫色风格偏淡，与画面的整体意境不符，因此，在后期通过"色彩平衡"命令来加深照片中的紫色调，恢复画面色彩，具体操作方法如下。

▶▶ 步骤1　单击"文件"|"打开"命令，打开一幅素材图像，在菜单栏中单击"图像"|"调整"|"色彩平衡"命令，如图 4-16 所示。

▶▶ 步骤2　弹出"色彩平衡"对话框，设置"色阶"参数值分别为 +77、-83、+45，如图 4-17 所示，使之增强画面中的红色、洋红和蓝色。

▶▶ 步骤3　单击"确定"按钮，即可调整紫藤花的色彩平衡，让 AI 照片更接近真实色彩。

> 指点：在 Photoshop 中，按【Ctrl + B】组合键，可以快速弹出"色彩平衡"对话框。

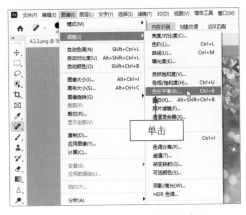

图 4-16 单击"色彩平衡"命令

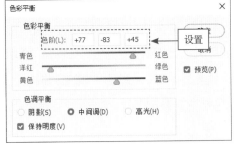

图 4-17 设置"色阶"参数值

4.2.4 调整自然饱和度，营造真实的光影氛围

扫码看视频

饱和度（简写为 C，又称为彩度）是指颜色的强度或纯度，它表示色相中颜色本身色素分量所占的比例，使用从 0 ～ 100% 的百分比来度量。在标准色轮中，饱和度从中心到边缘逐渐递增，颜色的饱和度越高，其鲜艳程度也就越高，反之颜色会显得浑浊。

不同饱和度的颜色会给人带来不同的视觉感受，高饱和度的颜色给人以积极、冲动、活泼、有生气、喜庆的感觉；低饱和度的颜色给人以消极、无力、安静、沉稳、厚重的感觉。在 Photoshop 中，使用"自然饱和度"命令可以快速调整整个画面的色彩饱和度，原图与效果对比如图 4-18 所示。

图 4-18 原图与效果对比

下面介绍调整自然饱和度营造真实光影氛围的操作方法。

▷▷ 步骤 1 单击"文件"|"打开"命令，打开一幅素材图像，在菜单栏中单击"图像"|"调整"|"自然饱和度"命令，如图 4-19 所示。

▷▷ 步骤 2 执行操作后，弹出"自然饱和度"对话框，设置"自然饱和度"为 +79、"饱和度"为 8，如图 4-20 所示。

▷▷ 步骤 3 单击"确定"按钮，即可增强画面的整体色彩饱和度，让各种颜色都变得更加鲜艳，使画面更接近于真实的日落光影氛围。

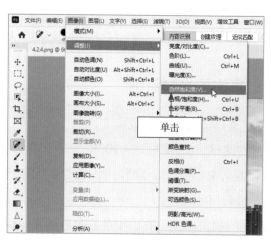

图 4-19 单击"自然饱和度"命令

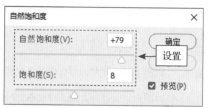

图 4-20 设置相应参数

指点："自然饱和度"选项和"饱和度"选项，两者最大的区别："自然饱和度"选项只增加未达到饱和的颜色的浓度；"饱和度"选项则会增加整个图像的色彩浓度。

4.2.5 调整色相 / 饱和度，还原 AI 照片的真实色彩

在 Photoshop 中，使用"色相 / 饱和度"命令可以调整整个画面或单个颜色分量的色相、饱和度和明度，还可以同步调整照片中所有的颜色。

扫码看视频

本案例是一片森林的 AI 照片，画面的整体色相偏橙色，在后期处理中运用"色相 / 饱和度"命令来增加画面的"色相"参数和"饱和度"参数，从而加强画面中的黄色部分，使其色彩更加真实，原图与效果对比如图 4-21 所示。

图 4-21　原图与效果对比

下面介绍调整色相 / 饱和度还原 AI 照片真实色彩的操作方法。

▶▶ 步骤 1　单击"文件"|"打开"命令，打开一幅素材图像，单击"图像"|"调整"|"色相 / 饱和度"命令，如图 4-22 所示。

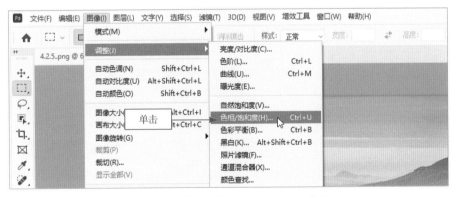

图 4-22　单击"色相 / 饱和度"命令

▶▶ 步骤 2　执行操作后，即可弹出"色相 / 饱和度"对话框，设置"色相"为 +11、"饱和度"为 +4、"明度"为 +11，如图 4-23 所示，让色相偏黄色，并稍微增强饱和度。

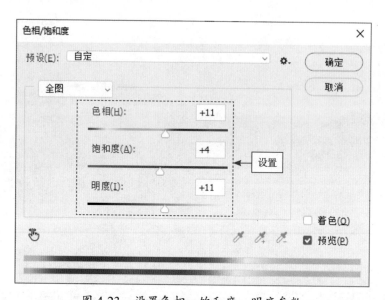

图 4-23 设置色相、饱和度、明度参数

▶▶ 步骤3 单击"确定"按钮，即可调整照片的色相，让橙色变成黄色。

指点：色相是色彩的最大特征，所谓色相是指能够比较确切地表示某种颜色色别（即色调）的名称，是区别各种色彩的最准确的标准，色彩的成分越多，色相越不鲜明。

第 **5** 章

没有质感？十个技巧提升 AI 照片画面品质

质感是 AI 照片所呈现的物体表面的质地和纹理的视觉效果，它直接影响观者的审美感受。通过在提示词中添加合适的质感表达，可以使 AI 照片呈现出丰富的层次感，让 AI 照片更加真实自然，从而增强照片的真实感和逼真度。本章主要介绍如何通过十个前期与后期技巧来提升 AI 照片的画面品质，使照片更具有观赏性和表现力。

5.1 AI 摄影生成技巧：增强照片质感的六种材质效果

　　质感可以使 AI 照片呈现出更具有艺术感和创意性的效果，不同的质感能够突出 AI 照片中不同物体的特征和特点，从而增强照片的表现力。本节主要介绍如何使用 AI 照片通过增强质感达到高品质的细节与画质，具体包括六种材质效果：金属质感、水晶质感、雕刻质感、玻璃质感、陶瓷质感及液态质感。

5.1.1 金属质感：赋予 AI 照片冷冽、坚硬的视觉体验

　　金属质感在艺术和设计领域中很常见，它能够给作品带来一种现代、坚固和高端的感觉。在 AI 绘图工具中，模拟金属质感通常需要考虑几个关键的视觉特征，例如，光泽与反射、颜色与色调、纹理与细节、硬度与边缘及金属材质等。

扫码看视频

　　在 AI 摄影中模拟金属质感时，可以使用相关金属特征的提示词，例如，光泽金属、金属拉丝、金属氧化、反射性强、冷色调等，指导 AI 生成具有逼真金属质感的图像。

　　汽车通常使用金属材质作为车身的一部分，例如，车门、车顶、车轮等，因此，汽车照片中会出现具有金属质感的部分。要想使生成的汽车照片更具有金属质感，可以在提示词中添加相应金属特征的提示词，照片效果如图 5-1 所示。

图 5-1　具有金属质感的 AI 照片

5.1.2 水晶质感：为 AI 照片增添晶莹剔透的梦幻感

扫码看视频

水晶质感是指模拟水晶或类似透明、半透明硬质材料的视觉效果，水晶因其独特的光学特性和美感而被广泛用于装饰和艺术创作中。水晶具有很高的透明度，使得光线可以穿透材料，在 AI 绘图工具中，可以通过添加透明度和光泽度等提示词，模拟水晶质感的透明效果。

在 AI 摄影中模拟水晶质感时，可以使用相关水晶特征的提示词，例如，透明、折射、多面切割、光泽等，指导 AI 生成具有逼真水晶质感的图像，效果如图 5-2 所示。

图 5-2 具有水晶质感的 AI 照片

5.1.3　雕刻质感：让AI照片呈现出精细的纹理和立体感

雕刻质感指的是通过艺术手法在材料表面创作出的立体图案或设计，这种质感常见于雕塑和各种装饰艺术中。雕刻作品通常具有强烈的立体感，AI可以通过增加物体的阴影和高光来模拟光线如何在凹凸不平的表面上产生反射，从而增强立体感。

扫码看视频

在AI摄影中模拟雕刻质感时，可以使用相关雕刻特征的提示词，例如，精细雕刻、纹理细节、凹凸不平、历史痕迹、粗糙表面等，指导AI生成具有逼真雕刻质感的图像，效果如图5-3所示。

图 5-3　具有雕刻质感的 AI 照片

这张AI摄影作品使用的提示词如下：
木制雕刻中国龙的装饰，具有雕刻质感，放在书桌上，象征着工作的好运。底座由紫檀木制成，以艺术家的风格创作，3D渲染效果，室内环境，明亮的背景，工艺精湛，自然采光。

5.1.4 玻璃质感：为 AI 照片增添透明、清澈的视觉效果

玻璃质感是一种非常独特的材质效果，可以是完全透明的，也可以是半透明的或彩色的。玻璃表面光滑，能够反射周围环境的图像和光线，尤其是在边缘和曲面上，这是玻璃最显著的特性之一。

扫码看视频

在 AI 绘图工具中模拟玻璃质感时，可以使用相关玻璃特征的提示词，例如，光滑表面、透明或半透明、反射光泽、折射光泽、玻璃光泽等，指导 AI 生成具有逼真玻璃质感的图像，效果如图 5-4 所示。

图 5-4　具有玻璃质感的 AI 照片

这张 AI 摄影作品使用的提示词如下：
这款玻璃酒杯具有玻璃质感，底座黑色透明，展现了高品质的工艺，整体造型具有优雅的曲线，赋予其活力，在家里或餐厅享用红酒，产品摄影，高分辨率。

5.1.5　陶瓷质感：赋予 AI 照片温暖、柔和的画面效果

陶瓷质感是一种常见的材质效果，以其独特的光泽、色彩和纹理而受到人们的喜爱。陶瓷的表面通常覆盖一层光滑的釉料，这层釉料可以是透明、半透明或彩色的，有些陶瓷还具有各种纹理，例如，磨砂或特殊的图案。AI 绘图工具可以通过精确地模拟陶瓷形状和形态来增强 AI 照片的视觉效果。

扫码看视频

在 AI 摄影中模拟陶瓷质感时，可以使用相关陶瓷特征的提示词，例如，光滑釉面、瓷器质感、裂纹效果、手工制作、泥土质地等，指导 AI 生成具有逼真陶瓷质感的图像，效果如图 5-5 所示。

图 5-5　具有陶瓷质感的 AI 照片

这张 AI 摄影作品使用的提示词如下：
一个白色的瓶子，上面有一幅飞鸟的水墨画，白色和棕色的简单背景，中国风格的简单构图，陶瓷质感，光滑釉面，高分辨率和高细节的产品摄影，通过专业的照明和专业的色彩分级显示正视图。

5.1.6　液态质感：让 AI 照片呈现出水滴，产生清凉感

液态质感指的是模拟液体的视觉效果，包括液体的流动性、光泽度、透明度及与容器或其他物体的相互作用。液体具有一定的透明度，能够反射上方或周围的物体和光线，在光线照射下会产生光泽，并且具有流动性。

扫码看视频

在 AI 摄影中模拟液态质感时，可以使用相关液态特征的提示词，例如，透明液体、流动效果、液态光泽、水滴效果、波纹效果等，指导 AI 生成具有逼真液态质感的图像，效果如图 5-6 所示。

图 5-6　具有液态质感的 AI 照片

> 这张 AI 摄影作品使用的提示词如下：
> 一杯加柠檬片和酸甜水果的饮料，杯中呈现液态质感，摆在白色的大理石桌面上，水滴效果，周围有一些绿色植物和柠檬，红色水果在前面，柠檬在侧面，高清摄影，景深，商业照片。

5.2　AI 摄影后期处理：提升照片质感的四大技巧

物体的质感主要通过光影、明暗对比及立体特征的表现来传递给我们视觉和触觉上的感受。如果用户生成的 AI 照片质感不够，可以在 Photoshop 中进行相关后期处理，使之提升 AI 照片的质感，让 AI 照片更具有吸引力。

5.2.1　利用 USM 锐化，突出物体的立体特征

USM 锐化是 Photoshop 中用于增强图像边缘清晰度与细节的一种常用的锐化技术，它通过在边缘周围创建一个较暗的边框来增加图像的对比度，从而让边缘看起来更清晰，使 AI 照片更具有质感，原图与效果对比如图 5-7 所示。

扫码看视频

图 5-7　原图与效果对比

下面介绍利用 USM 锐化突出物体立体特征的操作方法。

▶▶ 步骤 1　打开一幅素材图像，单击"图像"|"调整"|"亮度/对比度"命令，如图 5-8 所示。

▶▶ 步骤 2　弹出"亮度/对比度"对话框，在其中设置"亮度"为 63，如图 5-9 所示，单击"确定"按钮，即可增强照片的明暗对比，使细节更加突出。

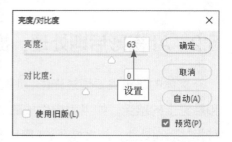

图 5-8　单击"亮度/对比度"命令　　　图 5-9　设置"亮度"为 63

▷▷ 步骤3 单击"滤镜"|"锐化"|"USM 锐化"命令，如图 5-10 所示。

▷▷ 步骤4 弹出"USM 锐化"对话框，在其中设置"数量"为 70%、"半径"为 2.7 像素，如图 5-11 所示，单击"确定"按钮，即可锐化图像边缘，增强图像的细节。

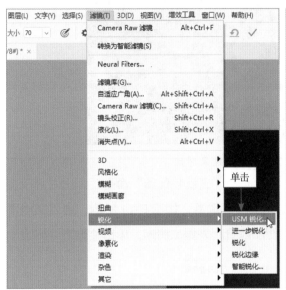

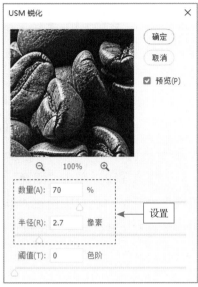

图 5-10 单击"USM 锐化"命令　　　　图 5-11 设置各参数

▷▷ 步骤5 如果用户觉得画面的亮度不够，可以再次单击"图像"|"调整"|"亮度 / 对比度"命令，弹出"亮度 / 对比度"对话框，在其中设置"亮度"的参数，使之再次增强画面的亮度。

5.2.2 利用通道计算，增强照片的质感

在 Photoshop 中，利用通道计算是一种高级技术，它可以用来增强照片的质感。通道计算通过组合不同颜色通道的数值，既可以提取或增强图像中的特定细节，又可以极大地增强照片的对比度和纹理感，原图与效果对比如图 5-12 所示。

扫码看视频

下面介绍利用通道计算增强照片质感的操作方法。

▷▷ 步骤1 打开一幅素材图像，打开"通道"面板，选择一个黑白对比较强的通道，这里选择"红"通道，将其拖动至面板底部的"创建新通道"按钮⊞上，释放鼠标左键，即可复制"红"通道，得到"红 拷贝"通道，如图 5-13 所示。

图 5-12　原图与效果对比

▶▶ 步骤 2　单击"滤镜"|"其他"|"高反差保留"命令，弹出"高反差保留"对话框，在其中设置"半径"为 5.0 像素，如图 5-14 所示，通过突出图像中的高对比度区域来增强细节，使图像看起来更加清晰，单击"确定"按钮。

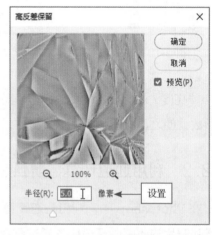

图 5-13　得到"红 拷贝"通道　　　　图 5-14　设置"半径"为 5.0 像素

▶▶ 步骤 3　单击"图像"|"计算"命令，弹出"计算"对话框，设置"混合"为"强光"，如图 5-15 所示，通过设置混合模式，可以增加图像的对比度，使暗部更暗，亮部更亮。单击"确定"按钮，突出图像的纹理和细节。

▶▶ 步骤 4　重复执行步骤 3 中的操作，得到两个 Alpha 通道，如图 5-16 所示，使图像的对比度更强，从而增强图像的视觉冲击力和艺术效果。

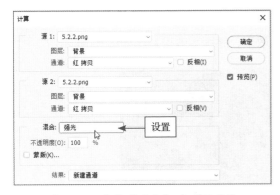

图 5-15　设置"混合"为"强光"　　　图 5-16　得到两个 Alpha 通道

▶▶ 步骤5 按住【Ctrl】键的同时，单击 Alpha 2 通道，得到通道选区，然后只显示上方四个通道，隐藏其他的通道，如图 5-17 所示。

▶▶ 步骤6 单击"图层"|"新建调整图层"|"曲线"命令，新建"曲线 1"调整图层，弹出"属性"面板，添加三个控制点，依次设置第一个控制点的"输入"为 79、"输出"为 46；设置第二个控制点的"输入"为 121、"输出"为 142；设置第三个控制点的"输入"为 193、"输出"为 229，如图 5-18 所示，即可快速提升 AI 照片的质感，效果如图 5-12（右）所示。

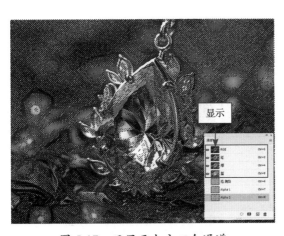

图 5-17　只显示上方四个通道

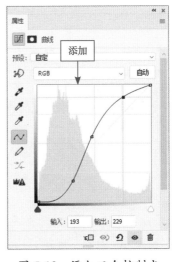

图 5-18　添加三个控制点

5.2.3　利用柔光法，打造绝妙质感效果

在 Photoshop 中，"柔光"混合模式是一种非常有用的工具，

扫码看视频

可以用来以非破坏性的方式调整图像的对比度、亮度和颜色，从而创作出丰富的质感效果，使图像产生梦幻般的融合效果，原图与效果对比如图 5-19 所示。

图 5-19　原图与效果对比

下面介绍利用柔光法打造绝妙质感效果的操作方法。

▶▶ 步骤1 打开一幅素材图像，在"图层"面板中，按【Ctrl + J】组合键，拷贝"背景"图层，得到"图层 1"图层，如图 5-20 所示。

▶▶ 步骤2 单击"滤镜"|"模糊"|"高斯模糊"命令，弹出"高斯模糊"对话框，在其中设置"半径"为 2.0 像素，如图 5-21 所示，使画面具有一种柔焦的美感。

图 5-20　得到"图层 1"图层　　　　图 5-21　设置"半径"为 2.0 像素

▶▶ 步骤3 单击"确定"按钮，即可在图像编辑窗口中查看图像被模糊后的效果，如图 5-22 所示。

▶▶ 步骤4 在"图层"面板中，设置图层的"混合模式"为"柔光"，如图 5-23 所示，即可使该图层与下方的图像以柔光模式混合，从而增强图像的对比度。

图 5-22 查看图像被模糊后的效果

图 5-23 设置图层的"混合模式"

5.2.4 利用叠加法，轻松调出高品质质感

"叠加"是一种非常灵活的混合模式，稍微调整就能带来显著的视觉效果。"叠加"混合模式的一个常见用途是增强图像的中间色调，同时保留高光和暗部的细节，特别适合用来增强人像、风景和商业摄影的质感，效果如图 5-24 所示。

扫码看视频

图 5-24 原图与效果对比

下面介绍利用叠加法轻松调出高品质质感的操作方法。

▷▷ 步骤 1 打开一幅素材图像，在"图层"面板中，按【Ctrl + J】组合键，拷贝"背景"图层，得到"图层 1"图层，如图 5-25 所示。

▶▶ 步骤2 单击"图像"|"调整"|"去色"命令，如图 5-26 所示，即可对图像进行去色处理，使照片变成黑白效果。

图 5-25　得到"图层 1"图层　　　　图 5-26　单击"去色"命令

指点：在 Photoshop 中，"去色"命令和"高反差保留"命令结合在一起使用，可以创作出一些特殊的视觉效果，尤其是在增强图像的清晰度和纹理方面。"去色"可以移除图像的颜色信息，使图像变为灰度；而"高反差保留"可以突出图像的边缘和细节，将这两个命令结合使用，可以增强图像的细节和质感。

▶▶ 步骤3 单击"滤镜"|"其他"|"高反差保留"命令，弹出"高反差保留"对话框，在其中设置"半径"为 7.0 像素，如图 5-27 所示，增强人物的细节，使人物看起来更加清晰。

▶▶ 步骤4 单击"确定"按钮，在图像编辑窗口中查看使用"高反差保留"命令处理后的图像效果，如图 5-28 所示。

▶▶ 步骤5 在"图层"面板中，设置图层的"混合模式"为"叠加"，如图 5-29 所示，即可使该图层与下方的图像以叠加模式混合，以获得理想的图像质感。

▶▶ 步骤6 在"图层"面板中，单击底部的"图层蒙版"按钮■，为"图层 1"图层添加一个白色蒙版，使用黑色的画笔工具在人物的适当位置进行涂抹，完善图像的细节，"图层"面板如图 5-30 所示。

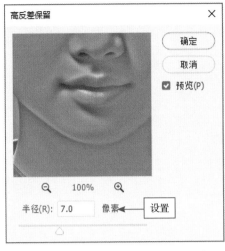

图 5-27　设置"半径"为 7.0 像素

图 5-28　处理后的图像效果

图 5-29　设置图层的"混合模式"

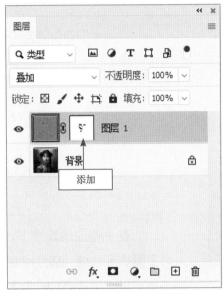

图 5-30　添加一个白色蒙版

第 **6** 章

不够高清？九个技巧提高 AI 照片清晰度

在一些应用场景下，例如，摄影、医学影像、卫星图像等领域，高分辨率的 AI 图像是非常重要的，这样可以提供更多的细节和更清晰的图像，使得观看者可以更清晰地看到图像中的细微差别，增强了图像的视觉效果。本章主要介绍如何通过九个前期与后期技巧来提高 AI 照片的清晰度，使用户轻松获得高质量的 AI 照片。

6.1 AI 摄影生成技巧：增强照片清晰度的五大技巧

用户在浏览照片时，通常会更喜欢清晰度高、细节丰富的照片，因为这样的照片能够提供更好的视觉体验，使他们更容易理解和欣赏照片内容。本节主要介绍增强照片清晰度的五大技巧，帮助用户不断提高照片生成的能力。

6.1.1 高分辨率：展现清晰锐利的画面质感

在提示词中添加"高分辨率"的描述，可以为 AI 摄影作品带来更高的锐度、清晰度和精细度，从而生成更为真实、生动和逼真的画面效果，如图 6-1 所示。

扫码看视频

图 6-1 添加"高分辨率"提示词生成的照片效果

> 这张 AI 摄影作品使用的提示词如下：
> 凯奈湖的山脉倒影令人惊叹，湖面一侧有清澈的蓝天和秋天的色彩，在明亮的阳光下既可以看到白雪皑皑的山峰，也可以看到金色的山丘。它的前方是一片广阔的水域，倒影十分清晰，创造了一个迷人的自然美景，高分辨率，细节丰富，专业相机拍摄。

"高分辨率"是一个与图像质量密切相关的重要指标，将其作为提示词的一部分可以强调用户对图像清晰度的关注，从而提高生成图像质量的期望。

在 AI 摄影中，常用来展现高分辨率画质的提示词有：高分辨率、细节丰富、清晰锐利、增强清晰度、高质量纹理、提高清晰度、更多层次感、高保真度、详细呈现。

6.1.2 超清晰：实现震撼心灵的超清晰观感

扫码看视频

在提示词的描述中，"超清晰"一词直接突出了用户对图像质量的追求，使模型更清楚用户期望生成的图像应该具备超高的清晰度和细节，这种描述为生成的图像赋予了特殊的标签，让用户获得一种独特的、高品质的照片效果，增加了照片的吸引力和美感，效果如图 6-2 所示。

图 6-2　添加"超清晰"提示词生成的照片效果

这张 AI 摄影作品使用的提示词如下：
太阳从玉山上升起，山下绿草如茵，鲜花盛开，云海纵横，一望无际。日落时，金色的光线穿过群山，这是一个美丽的场景，高清摄影照片，超清晰，广角镜头拍摄，暖色，阳光明媚，风景摄影风格。

在 AI 摄影中，还可以添加以下两种超清晰的提示词描述。

❶ 超高清：不仅可以呈现出更加真实、生动的画面，同时还能够减少画面中的颜色噪点和其他视觉故障，使得画面看起来更加流畅。

❷ 超高清图片：可以使画面变得更加细腻，并且层次感更强，同时因为模拟出高分辨率的效果，所以，画质也会显得更加清晰、自然。

6.1.3　高品质：追求卓越品质，呈现完美效果

在提示词中添加"高品质"的描述，能够让 AI 照片具有高度细节的表现能力，即可清晰地呈现出照片中的物体或人物的各种细节和纹理，例如，毛发、眼睫毛、衣服的纹理等。而在真实摄影中，通常需要使用高端相机和镜头拍摄并进行相应的后期处理，才能实现高品质的照片效果。图 6-3 为 AI 绘图工具生成的高品质照片效果。

图 6-3　添加"高品质"提示词生成的照片效果

这张 AI 摄影作品使用的提示词如下：
一个女人的手正将一棵幼苗种在土壤中，早晨的阳光照射在绿色的背景上，这是一个关于种植食物或保护自然环境的故事。以尼康 D850 相机拍摄，使用 24- 70mm f/3 镜头，高品质，专业级渲染。

在 AI 摄影中，常用来展现高品质照片的提示词有：高品质、精细细节、清晰度提升、高保真度、优质纹理、卓越图像质量、细腻质感。

6.1.4　8K 流畅：覆盖各种高清规格，满足不同需求

8K 流畅 /8K 分辨率，这组提示词可以让 AI 摄影作品呈现出更为清晰流畅、真实自然的画面效果，并为观众带来更好的视觉体验。

在提示词8K流畅中，8K表示分辨率高达7 680像素×4 320像素的超高清晰度（注意AI只是模拟这种效果，实际分辨率达不到），而流畅则表示画面更加流畅、自然，不会出现画面抖动或卡顿等问题，效果如图6-4所示。

图6-4　添加"8K流畅"提示词生成的照片效果

这张AI摄影作品使用的提示词如下：
在一个美丽的山区，有一大片金盏花田，色彩艳丽，充满生机，天空湛蓝明朗。在金盏花田前面是几座小建筑，周围绿树成荫，远处的山峦在阳光下若隐若现，增添了景色的美感，以尼康D850相机拍摄，8K流畅，8K分辨率。

在提示词8K分辨率中，8K的意思与上面相同，分辨率则用于再次强调高分辨率，从而让画面有较高的细节表现能力和视觉冲击力。

在AI摄影中，常用来展现8K画质的提示词有：8K流畅、8K分辨率、极致清晰度、8K细节、超级细节、高品质纹理、8K图像品质。

6.1.5　专业级渲染：追求卓越的AI摄影画质

渲染品质通常指的是照片呈现出来的某种效果，包括清晰度、颜色还原、对比度和阴影细节等，其主要目的是使照片看上去更加真实、生动、自然。在AI摄影中，我们也可以使用一些提示词来

扫码看视频

增强照片的渲染品质，进而提升 AI 摄影作品的艺术感和专业感。

专业级渲染可以指导 AI 模型生成具有专业水准的图像效果，生成的图像看起来非常逼真，高清、细节丰富，色彩准确，给人一种真实的感觉，图像中的细节处理也非常精细，各个部分的纹理、光影、色彩等都被处理得非常出色。这种图像具有很强的视觉冲击力，能够吸引观众的眼球，让人印象深刻，效果如图 6-5 所示。

图 6-5　添加"专业级渲染"提示词生成的照片效果

这张 AI 摄影作品使用的提示词如下：
花园里的粉红色郁金香有晨露，阳光透过它们，鲜艳的颜色，浅景深和高分辨率的微距摄影，自然背景，柔和的焦点和柔和的色调，春天的季节，专业级渲染。

在 AI 摄影中，常用来展现渲染品质的提示词有：专业级渲染、逼真细节、精湛光影、细腻纹理表现、专业级细节处理、完美构图、逼真光影效果、极致清晰度。

6.2　AI 摄影后期处理：提升照片清晰度的四大技巧

在 AI 照片的后期处理中，使用 Photoshop 软件可以有效提升照片的清晰度，但要注意在处理过程中保持适度，避免过度处理导致图像看起来不自然。本节主要介绍在 Photoshop 中提升照片清晰度的四大技巧。

6.2.1 利用"内容识别缩放"命令，轻松放大图像

扫码看视频

"内容识别缩放"命令可以在放大图像的同时最大限度地保留细节质量，合理重建视觉内容，让优质的细节不再因放大而丢失，原图与效果对比如图 6-6 所示。

图 6-6 原图与效果对比

下面介绍使用"内容识别缩放"命令轻松放大图像的操作方法。

▶▶ 步骤 1 打开一幅素材图像，单击"背景"图层右侧的 🔒 图标，将"背景"图层解锁，单击"图像" | "画布大小"命令，弹出"画布大小"对话框，设置"宽度"为 1 300 像素，如图 6-7 所示，扩展画布的宽度。

▶▶ 步骤 2 单击"确定"按钮，即可扩展画布，如图 6-8 所示。

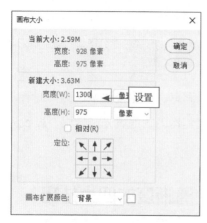

图 6-7 设置"宽度"参数

图 6-8 扩展画布

▶▶ 步骤 3 运用矩形选框工具 在人物周围创建一个矩形选区，在选区内右击，在弹出的快捷菜单中选择"存储选区"选项，如图 6-9 所示。

▷▷ 步骤 4　执行操作后，弹出"存储选区"对话框，设置"名称"为"人物"，如图 6-10 所示，单击"确定"按钮存储选区，并取消选区。

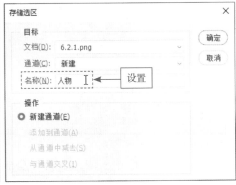

图 6-9　选择"存储选区"选项　　　　　　图 6-10　设置"名称"

▷▷ 步骤 5　单击"编辑"|"内容识别缩放"命令，调出变换控制框，在工具属性栏中的"保护"列表框中选择"人物"选项，如图 6-11 所示。

▷▷ 步骤 6　调整变换控制框的大小，将图像覆盖整个画布，如图 6-12 所示，按【Enter】键确认变换操作，即可放大图像，同时人物不受变换操作的影响。

图 6-11　选择"人物"选项　　　　　　图 6-12　将图像覆盖整个画布

指点：在图像中创建选区后，在菜单栏中单击"选择"|"存储选区"命令，也可以弹出"存储选区"对话框。

不够高清？九个技巧提高 AI 照片清晰度

6.2.2 利用"超级缩放"功能，无损放大图像

扫码看视频

借助 Neural Filters 滤镜的"超级缩放"功能，可以放大并裁切图像，然后再添加细节以补偿损失的分辨率，从而达到无损放大图像的效果，效果如图 6-13 所示。

图 6-13　无损放大图像的效果

下面介绍利用"超级缩放"功能无损放大图像的操作方法。

▶▶ 步骤1　打开一幅素材图像，单击"滤镜" | Neural Filters 命令，展开 Neural Filters 面板，在左侧的"所有筛选器"列表框中开启"超级缩放"功能，如图 6-14 所示。

▶▶ 步骤2　在右侧的预览图下方单击放大按钮 ⊕，如图 6-15 所示，即可将图像放大至原图的两倍，单击"确定"按钮确认操作。

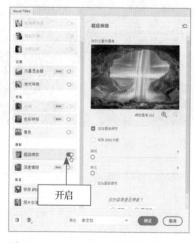

图 6-14　开启"超级缩放"功能

图 6-15　单击放大按钮

▶▶ **步骤 3** Photoshop 会生成一个新的大图，从右下角的状态栏中可以看到图像的尺寸和分辨率都变大了，如图 6-16 所示。

图 6-16　生成一个新的大图

6.2.3　利用"照片恢复"功能，轻松修复老照片

扫码看视频

借助 Neural Filters 滤镜的"照片恢复"功能，可以快速修复老照片，以及提高清晰度、对比度、增强细节、消除划痕等。将此功能与"着色"功能结合使用，可以进一步增强照片的效果与清晰度，原图与效果对比如图 6-17 所示。

图 6-17　原图与效果对比

下面介绍利用"照片恢复"功能轻松修复老照片的操作方法。

▶▶ **步骤 1** 打开一幅素材图像，单击"滤镜"| Neural Filters 命令，展

开 Neural Filters 面板，在左侧的"所有筛选器"列表框中开启"照片恢复"功能，如图 6-18 所示。

▶▷ 步骤 2　在右侧展开"调整"选项区，设置"降噪"为 37，如图 6-19 所示，减少画面中的噪点。

图 6-18　开启"照片恢复"功能

图 6-19　设置"降噪"参数

▶▷ 步骤 3　执行操作后，即可修复老照片，效果如图 6-20 所示。

▶▷ 步骤 4　在 Neural Filters 面板左侧的"所有筛选器"列表框中，开启"着色"功能，如图 6-21 所示。

图 6-20　修复老照片

图 6-21　开启"着色"功能

▶▶ 步骤5 执行操作后，即可自动给老照片上色，效果如图 6-22 所示。

▶▶ 步骤6 在右侧展开"调整"选项区，设置"颜色伪影消除"为31，如图 6-23 所示，增强图像的细节质量，单击"确定"按钮，即可完成老照片的修复操作。

图 6-22 自动给老照片上色

图 6-23 设置"颜色伪影消除"参数

6.2.4 利用 AI 降噪技术，自动减少照片中的杂色

照片中的噪点是指相机中的图像传感器将光线作为接收信号接收，在输出过程中产生的图像中粗糙的部分，这些粗糙的部分就是一些小糙点（也称为噪声），所以被称为噪点。在 Camera Raw 中，用户可以使用 AI 减少杂色功能对图像进行自动降噪处理，原图与效果对比如图 6-24 所示。

扫码看视频

图 6-24 原图与效果对比

下面介绍利用AI降噪技术自动减少照片杂色的操作方法。

▶▶ 步骤1 在Camera Raw窗口中打开一幅素材图像,在右侧展开"亮"选项区,在其中设置"曝光"为+1.3、"对比度"为+27、"高光"为-77、"阴影"为+55、"白色"为+17、"黑色"为-11;展开"颜色"选项区,在其中设置"色温"为7 200、"色调"为+2、"自然饱和度"为+53、"饱和度"为+2,增强画面的暖色调氛围,效果如图6-25所示。

图6-25 设置"亮"和"颜色"选项区参数

▶▶ 步骤2 展开"细节"选项区,设置"锐化"为47、"半径"为1.2、"细节"为35、"蒙版"为21,锐化图像的边缘,让图像更加清晰。在"减少杂色"选项区中,单击"去杂色"按钮,如图6-26所示。

▶▶ 步骤3 执行操作后,弹出"增强"对话框,其中显示了降噪处理的估计时间,单击"增强"按钮,如图6-27所示。

▶▶ 步骤4 执行操作后,即可使用AI减少杂色,并显示处理进度,如图6-28所示,稍等片刻,完成Camera Raw的处理后,单击"打开对象"按钮,即可在Photoshop中打开调好的图像,按【Ctrl + S】组合键,保存图像文件。

图 6-26　设置"细节"选项区参数和单击"去杂色"按钮

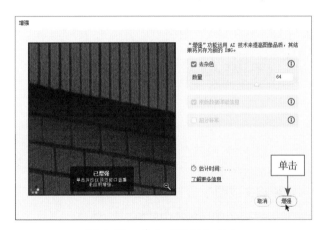

图 6-27　单击"增强"按钮

图 6-28　显示处理进度

指点：Camera Raw 中的 AI 降噪功能是指使用 AI 技术减少照片中的噪点，该功能可以自动分析照片中的噪点信息，并根据预览结果手动设定降噪数值，处理时间会根据电脑硬件和照片精度决定。在使用 AI 降噪功能时，需要注意适度降噪，避免过度降噪导致图像细节变模糊。

第 **7** 章

没有细节？九个技巧增强 AI 照片表现力

　　AI 模型的质量是影响生成图像细节的关键因素之一，高质量的模型能够更好地捕捉图像中的细节，并生成更逼真、更丰富的图像。细节丰富的图像往往更受欢迎，因为它们更具有观赏性和艺术感，能够给人们带来更丰富的视觉体验。本章主要介绍如何通过九个前期与后期技巧来提高 AI 照片细节的方法，使 AI 照片更具有表现力。

7.1 AI 摄影生成技巧：增强照片细节的五大技巧

在图像应用和分享领域，细节丰富的图像通常能够提供更好的用户体验，使用户更满意并愿意与他人分享。使用 AI 绘图工具生成图像时，可以通过添加相应的提示词来增强 AI 照片的细节感，本节主要介绍增强照片细节的五大技巧。

7.1.1 摄影感：营造逼真的视觉效果

摄影感这个提示词在 AI 摄影中有非常重要的作用，它通过捕捉静止或运动的物体及自然景观等表现形式，并通过选择合适的光圈、快门速度、感光度等相机参数来控制 AI 的出片效果，例如，亮度、清晰度和景深程度等。

扫码看视频

图 7-1 为添加提示词"摄影感"生成的照片效果，照片中的亮部和暗部都能保持丰富的细节，并营造出丰富多彩的色调效果。

图 7-1 添加"摄影感"生成的照片效果

7.1.2 屡获殊荣的摄影作品：展示卓越的画面

扫码看视频

屡获殊荣的摄影作品是指在摄影界或相关领域中多次获得认可和奖项的作品，这些作品通常因其优秀的摄影技术、艺术表现力或对主题的深刻表达而备受赞誉和肯定。通过在AI摄影作品的提示词中加入提示词"屡获殊荣的摄影作品"，可以让生成的照片具有高度的艺术性、技术性和视觉冲击力，效果如图7-2所示。

图 7-2　添加"屡获殊荣的摄影作品"提示词生成的照片效果

这张AI摄影作品使用的提示词如下：
日落时分，一个木制码头通向一个水上小屋，蓝色和粉色的美丽天空，轻松的氛围，自然光，广角镜头拍摄，聚焦清晰，具有超现实主义摄影风格，屡获殊荣的摄影作品。

在AI摄影中，常用来展现屡获殊荣的摄影作品的提示词有：国际级摄影大师、获奖摄影作品、杰出摄影作品、摄影界的标杆之作、备受赞誉的摄影作品、一流摄影艺术、摄影大奖获得者、卓越摄影作品。

7.1.3　超逼真的皮肤纹理：呈现肌肤真实质感

超逼真的皮肤纹理是指高度逼真的肌肤质感。在 AI 摄影中，使用提示词"超逼真的皮肤纹理"，能够表现出人物或动物皮肤上的微小细节和纹理，从而使肌肤看起来更加真实和自然，效果如图 7-3 所示。

图 7-3　添加"超逼真的皮肤纹理"提示词生成的照片效果

> 这张 AI 摄影作品使用的提示词如下：
> 一头大象站在大草原上，周围是郁郁葱葱的绿草和树木，天空湛蓝，白云朵朵。太阳落山，在它的身体上投下长长的阴影，有着圆形的大耳朵，给人一种力量的印象，高质量的照片，超逼真的皮肤纹理。

在 AI 摄影中，常用来展现超逼真的皮肤纹理的提示词有：逼真肌肤细节、精细皮肤纹理、细致皮肤纹理、逼真皮肤质感、超真实皮肤纹理、超真实皮肤细节。

7.1.4　超级详细：高度细节和丰富的纹理效果

超级详细是指精细的、细致的，在 AI 摄影中应用该提示词生成的照片能够清晰呈现出物体的细节、色彩渐变、物体轮廓和结构等方面的深入表现，例如，毛发、羽毛、皮肤纹理、细微的沟壑等，效果如图 7-4 所示。

图 7-4　添加"超级详细"提示词生成的照片效果

这张 AI 摄影作品使用的提示词如下：
一只小鹿站在草地上，沐浴在阳光下，照片逼真，高分辨率，HDR 风格的专业照片，高质量，超级详细，8K 分辨率。

　　在 AI 摄影中，常用来展现超级详细的提示词有：极致细节、细节丰富、精准细节、丰富纹理、超级清晰、超高清晰度、精雕细琢。

　　指点：在 AI 绘画工具中，使用提示词"超级详细"，可以使绘画作品中的每一个细节都被精心绘制，以创作出一幅栩栩如生、富有立体感的画面。

7.1.5　详细细节：展现无与伦比的色彩表现

扫码看视频

　　详细细节通常指的是具有高度细节表现能力和丰富纹理的照片。提示词"详细细节"能够对照片中的所有元素都进行精细化的控制，例如，细微的色调变换、暗部曝光、突出或屏蔽某些元素等。

　　同时，提示词"详细细节"会对照片的局部细节和纹理进行针对性的增强和修复，以使得照片更为清晰锐利、画质更佳，适用于生成静物、风景、人像等类型的 AI 摄影作品，可以让作品更具艺术感，呈现出更多的细节，效果如图 7-5 所示。

图 7-5 添加"详细细节"提示词生成的照片效果

这张 AI 摄影作品使用的提示词如下：

粉红色的绣球花在阳光下，背景模糊，特写，高清摄影，高分辨率，专业的色彩分级，柔和的阴影，清晰的焦点，详细细节，自然的光线。

7.2 AI 摄影后期处理：提升照片表现力的四大技巧

表现力越好的作品人们越喜欢分享，所以，提高 AI 照片的表现力十分重要，对于增强图像的视觉效果、提升真实感和逼真度、提升用户体验及增强表达能力等方面都具有重要意义。本节主要介绍在 Photoshop 中提升照片表现力的四大技巧。

7.2.1 使用"内容识别填充"命令，快速修补画面

利用 Photoshop 的"内容识别填充"命令，可以将复杂背景中不需要的杂物部分清除干净，从而达到完美的智能修图效果，使照片更具表现力，原图与效果对比如图 7-6 所示。

扫码看视频

图 7-6　原图与效果对比

下面介绍使用"内容识别填充"命令快速修补画面的操作方法。

▶▷ 步骤1　打开一幅素材图像，选取工具箱中的套索工具〇，如图 7-7 所示。

▶▷ 步骤2　在图像中按住鼠标左键并拖动，在合适位置创建一个不规则选区，如图 7-8 所示。

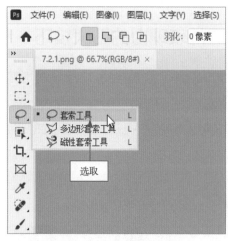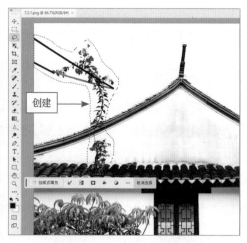

图 7-7　选取"套索工具"　　　　图 7-8　创建一个不规则选区

▶▷ 步骤3　单击"编辑"|"内容识别填充"命令，弹出相应窗口，在右侧单击"自动"按钮，自动取样修补画面内容，如图 7-9 所示，单击"确定"按钮，即可快速修图。

图 7-9　自动取样修补画面内容

7.2.2　使用"创成式填充"功能，增加产品细节元素

扫码看视频

我们在做产品广告图片时，可以使用"创成式填充"功能在画面中快速添加一些产品的细节元素或产品对象，使广告效果更具吸引力，原图与效果对比如图 7-10 所示。

图 7-10　原图与效果对比

下面介绍使用"创成式填充"功能增加产品细节元素的操作方法。

▶▶ 步骤1　打开一幅素材图像，选取工具箱中的矩形选框工具，在图像中的适当位置创建一个矩形选区，单击"创成式填充"按钮，如图 7-11 所示。

▶▶ 步骤2 在左侧的输入框中输入提示词"一只可爱的蝴蝶装饰",单击"生成"按钮,如图 7-12 所示,即可创建产品广告图片的细节。

图 7-11 单击"创成式填充"按钮　　图 7-12 输入提示词后单击"生成"按钮

指点:在 Photoshop 中使用 AI 功能生成新图像时,如果用户对选区的位置不太满意,此时可以对选区进行调整,选取工具箱中的任意选框工具,将鼠标移至选区内,当鼠标指针呈 形状时,表示可以移动,此时单击并拖动,即可将选区移动至图像的另一个位置。如果使用移动工具对选区进行移动操作,则会对选区内的图像进行剪切。

　　另外,在图像中创建不规则选区后,单击"选择"|"存储选区"命令,可以将该选区进行保存,方便以后调用。

7.2.3 使用"生成式填充"命令,添加水面倒影细节

在风景照片中添加水面倒影细节,可以使照片呈现出天空之镜的奇观美景,原图与效果对比如图 7-13 所示。

扫码看视频

图 7-13 原图与效果对比

下面介绍使用"生成式填充"命令添加水面倒影细节的操作方法。

▶▶ 步骤 1 打开一幅素材图像,单击"图像"|"画布大小"命令,弹出"画布大小"对话框,选择相应的定位方向,并设置"高度"为 1 200 像素,如图 7-14 所示。

▶▶ 步骤 2 单击"确定"按钮,即可扩展画布下方的区域,如图 7-15 所示。

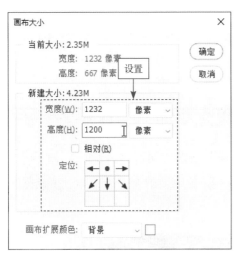

图 7-14 设置相应参数

图 7-15 扩展画布下方的区域

> 指点:画布指的是实际打印的工作区域,图像画面尺寸的大小是指当前图像周围工作空间的大小,改变画布大小会影响图像最终的输出效果。画布尺寸的调整不对原图的像素产生影响,只在图像的任意方向增加了背景色的像素。
>
> 在"画布大小"对话框中,"当前大小"选项区中显示了当前画布的大小;"新建大小"选项区中可以重新设置画布的大小;"画布扩展颜色"列表框中可以选择画布扩展后的显示方式,例如,以背景色显示、以白色显示、以黑色显示等。

▶▶ 步骤 3 选取工具箱中的矩形选框工具 ,通过鼠标拖动的方式,在图像下方创建一个矩形选区,如图 7-16 所示。

▶▶ 步骤 4 在工具栏中单击"创成式填充"按钮,输入提示词"倒影",单击"生成"按钮,如图 7-17 所示。稍等片刻,即可为风景照片添加水面倒影。

没有细节?九个技巧增强 AI 照片表现力

图 7-16　创建一个矩形选区　　　　图 7-17　输入提示词后单击"生成"按钮

7.2.4　使用"妆容迁移"功能，完善人物的妆容细节

借助 Neural Filters 滤镜的"妆容迁移"功能，可以将人物眼部和嘴部的妆容风格应用到其他人物图像中，原图与效果对比如图 7-18 所示。

扫码看视频

图 7-18　原图与效果对比

> 指点：Neural Filters（神经网络滤镜）是 Photoshop 重点推出的 AI 修图技术，功能非常强大，它集合了智能肖像、皮肤平滑度、超级缩放、着色和风景混合等一系列的 AI 功能，可以帮助用户把复杂的修图工作简单化，从而提高工作效率。

下面介绍使用"妆容迁移"功能完善人物妆容细节的操作方法。

▶▶ 步骤 1　打开一幅素材图像，单击"滤镜"| Neural Filters 命令，展开 Neural Filters 面板，在左侧的"所有筛选器"列表框中开启"妆容迁移"功能，如图 7-19 所示。

▶▶ 步骤 2 在右侧的"参考图像"选项区中，在"选择图像"列表框中选择"从计算机中选择图像"选项，如图 7-20 所示。

图 7-19 开启"妆容迁移"功能   图 7-20 选择"从计算机中选择图像"选项

▶▶ 步骤 3 弹出"打开"对话框，选择相应的图像素材，效果如图 7-21 所示。

▶▶ 步骤 4 单击"使用此图像"按钮，即可上传参考图像，上传后参考图像如图 7-22 所示， 将参考图像中的人物妆容应用到素材图像中，单击"确定"按钮，即可改变人物的妆容。

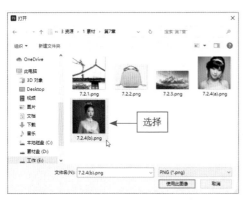

图 7-21 选择相应的图像素材   图 7-22 上传参考图像

没有细节？九个技巧增强 AI 照片表现力

第 **8** 章

缺乏美感？九个技巧让 AI 照片更加唯美、梦幻

美感是吸引观众注意的关键因素，一张具有美感的 AI 照片能够触动人心，传达出特定的情绪和氛围，更容易抓住观众的视线，使他们愿意花时间去探索画面中的更多细节。本章主要介绍如何通过九个前期与后期技巧来提高 AI 照片的美感，使用户轻松获得唯美、梦幻的 AI 照片。

8.1 AI 摄影生成技巧：增强照片美感的五大技巧

创作 AI 摄影作品时，用户可以在提示词中加入更多关于风格、滤镜、场景、光晕和氛围的描述，以引导 AI 模型更精确地捕捉你想要的视觉效果。本节主要介绍增强照片美感的五大技巧，帮助用户轻松生成唯美的 AI 摄影作品。

8.1.1 风格：生成具有创意的画质

扫码看视频

利用风格提示词生成具有创意的画质，其关键在于如何精确地向 AI 模型描述你想要的图像风格和视觉效果。风格提示词主要用于指导 AI 模型创建特定风格图像的提示词或短语，主要包括油画风格、水彩风格、素描风格、复古风格、宝丽来风格、抽象风格、艺术家风格等。图 8-1 为复古风格的室内装饰照片效果。

图 8-1　使用复古风格生成的室内装饰照片效果

这张 AI 摄影作品使用的提示词如下：
复古装饰的复古房间，有一台老式电视机和 20 世纪中期的家具，墙上贴着蓝绿色的花纹壁纸，床边的餐具柜上有一盏老式台灯，散发出橙色的霓虹灯，温暖的灯光营造了一种怀旧的氛围，采用了复古风格，高分辨率摄影。

8.1.2　滤镜：使照片更具有吸引力

扫码看视频

滤镜提示词可以激发 AI 模型的想象力，帮助用户构思和实现特定的视觉效果，可以确定摄影作品的整体风格，例如，复古、现代、浪漫等，通过图像的视觉元素传达信息和感受。

常见的滤镜提示词包括模糊、清新、淡雅、冷清、黑白、颗粒感、柔和、高对比度等。图 8-2 为使用自然、清新、柔和等滤镜提示词生成的效果。

图 8-2　使用相应滤镜提示词生成的 AI 摄影作品

> 这张 AI 摄影作品使用的提示词如下：
> 新疆，绿色的草原上，有蒙古包营地，高清晰度的摄影风格，绿色的山峰和松林，整个场景充满了自然美景，清新，郁郁葱葱的绿色牧场，光线柔和，成群的牛羊在阳光下吃草，使用索尼相机拍摄，光圈为 F/8，有复杂的细节。

利用滤镜提示词生成 AI 照片时，相关提示词的要点如下。

❶ 黑白滤镜类提示词：包括黑白风、经典质感、复古效果、明暗对比等，通过应用黑白滤镜，可以突出照片的明暗对比和质感，增强视觉冲击力。

❷ 朦胧滤镜类提示词：包括朦胧风、柔和光影、梦幻效果、轻雾等，通过应用朦胧滤镜，可以营造出柔和的光影和梦幻般的效果，增强照片的吸引力。

8.1.3 场景：构建丰富的画面环境

扫码看视频

场景提示词可以指导 AI 模型生成特定场景的照片，涵盖了各种不同的自然和人文场景，可以激发 AI 模型的想象力，为作品设定一个基本的情感基调，增强作品的情感深度。

常见的场景提示词包括湖泊、草原、瀑布、城市天际线、夜空、音乐会、房屋、果园、农场、田野、乡村小路等。图 8-3 为使用场景提示词生成的一张户外音乐会场景的烟花照片，慢门摄影记录了烟花的整个绽放过程，展现出闪耀、绚丽、神秘等画面效果，适合用来表达庆祝、浪漫和欢乐等情绪。

图 8-3　使用相应场景提示词生成的 AI 摄影作品

这张 AI 摄影作品使用的提示词如下：
一张广角照片，一个拥有现代建筑的户外音乐会场地，烟花照亮了整个夜空，展示了充满活力的色彩和动态的图案，以庆祝新年，该场景包括该地区周围的房屋，增加了节日气氛。

通过 AI 模型生成烟花照片时，用到的重点提示词作用分析如下。

❶ 广角照片：表明希望捕捉到更广阔的景观，以展现出整个音乐会场地的氛围和场景，这为烟花照片的构图和视角提供了指导。

❷ 一个拥有现代建筑的户外音乐会场地：这个描述指明了烟花的发生地点，即现代建筑的户外音乐会场地，为图像提供了背景和情境，使烟花照片更具有特定的场景感。

❸ 烟花照亮了整个夜空：夜空是一个场景提示词，这一描述展示了烟花在夜空中的明亮和绚丽，强调了烟花的照明效果，为照片增添了视觉吸引力和戏剧性。

❹ 该场景包括该地区周围的房屋：这一描述说明了场景不仅限于音乐会场地，还包括了周围的房屋，为图像增加了背景元素，使照片更加具有场景感和真实感。

8.1.4 光晕：使照片光线更加唯美

扫码看视频

通过添加光晕提示词，可以增强图像或场景的视觉效果，使其更加引人注目。光晕提示词可以指导 AI 模型模拟出自然或人造光源的光线效果，例如，阳光、灯光、火焰等，为图像或场景创作出特定的氛围，例如神秘、梦幻、浪漫、神圣等。

常见的光晕提示词包括光斑、柔和边缘、光影渐变、背景虚化、光线聚焦、焦外光晕、景深效果、日光穿透、透光效果。

图 8-4 为添加光晕提示词生成的 AI 摄影作品，画面中的昆虫栩栩如生，背景虚化和焦外光晕增强了画面的视觉效果。

图 8-4　使用相应光晕提示词生成的 AI 摄影作品

这张 AI 摄影作品使用的提示词如下：
一张特写照片，一只橙色和棕色的蚱蜢栖息在树枝上，伸出长腿，精确捕捉每一个细节，这张照片采用了焦点叠加技术，微距摄影，背景虚化，焦外光晕，光斑、高分辨率，细致的纹理和自然的环境。

8.1.5 氛围：增强画面的视觉效果

扫码看视频

利用氛围提示词可以指导 AI 模型为照片营造出特定的氛围，营造出与所要表达情感相符的视觉氛围，增强照片的表现力和观赏性，引起观者的兴趣和共鸣，使其更愿意停留在照片中，感受其中所传达的情感和氛围。

常见的氛围提示词包括浪漫氛围、神秘氛围、宁静氛围、欢乐氛围、怀旧氛围、梦幻氛围等。

图 8-5 为添加氛围提示词生成的 AI 摄影作品，画面具有神秘感，这样的森林风光让人充满了好奇和探索的欲望。

图 8-5　使用相应氛围提示词生成的 AI 摄影作品

这张 AI 摄影作品使用的提示词如下：
一条溪流在森林中的岩石之间流动，太阳在树后，照亮了树的某些部分，神秘氛围，宁静氛围。这是一张长曝光的超现实摄影作品，具有国家地理摄影的风格。

指点：氛围提示词可以帮助 AI 理解所需图像的情感属性，例如"浪漫""忧郁"或"神秘"。指导最终生成图像的整体风格和情感。

8.2　AI 摄影后期处理：打造唯美照片的四大秘籍

如果用户觉得 AI 模型生成的照片缺乏美感，此时可以在 Photoshop 中通

第 8 章

缺乏美感？九个技巧让 AI 照片更加唯美、梦幻

过相应的后期处理技术来提升照片的美感，使 AI 照片更加唯美、梦幻。本节主要介绍在 Photoshop 中提升照片美感的四大技巧。

8.2.1　使用皮肤平滑度一键磨皮，提升整体美感

借助 Neural Filters 滤镜的"皮肤平滑度"功能，可以自动识别人物面部，并进行磨皮处理，从而提升人物的整体美感，原图与效果对比如图 8-6 所示。

扫码看视频

图 8-6　原图与效果对比

下面介绍使用皮肤平滑度一键磨皮的操作方法。

▶▶ 步骤 1　打开一幅素材图像，单击"滤镜"| Neural Filters 命令，展开 Neural Filters 面板，在左侧的"所有筛选器"列表框中开启"皮肤平滑度"功能，如图 8-7 所示。

图 8-7　开启"皮肤平滑度"功能

指点：Neural Filters 滤镜中的"皮肤平滑度"功能可以简单地理解为智能磨皮，所得到效果和磨皮的效果类似，可以替代以前的一些磨皮插件。当用户开启"皮肤平滑度"功能后，滤镜就会先按照默认 50 的"模糊"参数来处理图像中的人物皮肤部分，即使是 50 的"模糊"参数，处理效果也是非常明显的。

▶▶ 步骤 2　在 Neural Filters 面板的右侧设置"模糊"为 100、"平滑度"为 +50，如图 8-8 所示，消除脸部的瑕疵，让皮肤变得更加平滑。

图 8-8　设置"皮肤平滑度"中的相应参数

▶▶ 步骤 3　单击"确定"按钮，即可完成人脸的磨皮处理，使人物的皮肤更加光滑、水嫩，整体形象更加漂亮。

8.2.2　将照片转换为黑白模式，营造出独特的韵味

"浑厚"预设可以保留更多的阴影细节，同时增强中灰和高光的对比，从而让黑白图像呈现出更丰富的层次变化，原图与效果对比如图 8-9 所示。

扫码看视频

下面介绍将照片转换为黑白模式的操作方法。

▶▶ 步骤 1　打开一幅素材图像，在"调整"面板中展开"黑白"选项区，选择"浑厚"选项，如图 8-10 所示，将照片转换为黑白色调，并提升画面的对比度。

▶▶ 步骤 2　在"图层"面板中，可以查看新增的调整图层，如图 8-11 所示。

图 8-9　原图与效果对比

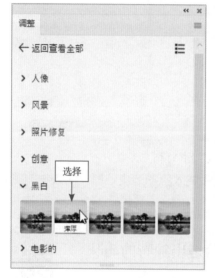

图 8-10　选择"浑厚"选项

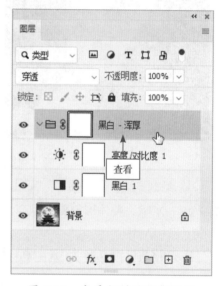

图 8-11　查看新增的调整图层

8.2.3　运用"风景混合器"功能，让画面更温暖

借助 Neural Filters 滤镜中的"风景合成器"功能，可以自动替换照片中的天空，并调整为与前景元素匹配的色调，原图与效果对比如图 8-12 所示。

扫码看视频

图 8-12　原图与效果对比

下面介绍运用"风景混合器"功能让画面更温暖的操作方法。

▶▶ 步骤1　打开一幅素材图像，单击"滤镜"| Neural Filters 命令，展开 Neural Filters 面板，在左侧的"所有筛选器"列表框中开启"风景混合器"功能，如图 8-13 所示。

图 8-13　开启"风景混合器"功能

▶▶ 步骤2　在右侧的"预设"选项卡中，选择相应的预设效果，如图 8-14 示，单击"确定"按钮，即可完成天空的替换处理。

图 8-14　选择相应的预设效果

> 指点：使用 Neural Filters 滤镜中的"风景混合器"功能，可以通过与另一个图像混合或改变诸如时间和季节等属性来改变景观。

8.2.4　运用"天空替换"命令，一键合成天空

扫码看视频

在风景照片的后期处理中，合理的天空效果可以极大地提升图像的美感和品质，Photoshop 的"天空替换"命令提供了简单直接的方式来实现这一效果。

"天空替换"对话框中内置了多种高质量的天空图像模板，用户也可以导入外部图片作为自定义天空。"天空替换"命令可以将素材图像中的天空自动替换为更迷人的天空，同时保留图像的自然景深，原图与效果对比如图 8-15 所示。

图 8-15　原图与效果对比

下面介绍运用"天空替换"命令一键合成天空的操作方法。

▶▷ 步骤1 打开一幅素材图像，单击"编辑"|"天空替换"命令，弹出"天空替换"对话框，单击"单击以选择替换天空"按钮 ，在弹出的列表框中选择相应的天空图像模板，如图 8-16 所示。

▶▷ 步骤2 在对话框中，设置"移动边缘"为 45、"渐隐边缘"为 69、"亮度"为 31，如图 8-17 所示，单击"确定"按钮，即可合成新的天空图像。

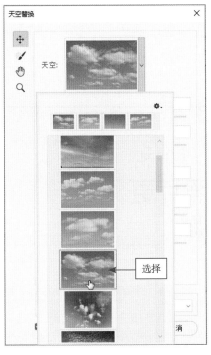

图 8-16 选择相应天空图像模板

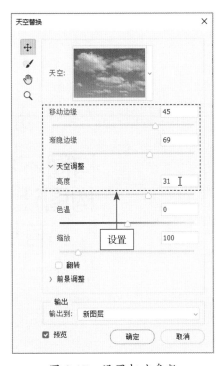

图 8-17 设置相应参数

第 **9** 章

构图不行？ 11 种构图让 AI 照片更有层次感

构图是指在摄影创作中，通过调整视角、摆放被摄对象和控制画面元素等复合技术手段来塑造画面效果的艺术表现形式。同样，在 AI 摄影中，通过运用各种构图提示词，可以让主体对象呈现出最佳的视觉表达效果，进而营造出所需要的气氛和风格。本章主要介绍如何通过 11 个前期与后期技巧来提高 AI 照片构图效果的方法。

9.1 AI 摄影生成技巧：七种更具空间感的构图形式

构图是摄影创作中不可或缺的部分，它通过有意识地安排视觉元素来增强照片的感染力和视觉吸引力。在 AI 摄影中使用构图提示词，同样也能够增强画面的视觉效果，传达出独特的观感和意义。本节主要介绍七种更具空间感的构图形式。

9.1.1 前景构图：增强画面的层次感和深度

前景构图是指通过前景元素来强化主体的视觉效果，以产生一种具有视觉冲击力和艺术感的画面效果，如图 9-1 所示。前景通常是指相对靠近镜头的物体，背景则是指位于主体后方且远离镜头的物体或环境。

扫码看视频

图 9-1　前景构图效果

> 这张 AI 摄影作品使用的提示词如下：
> 阳光下，一只可爱的小鹿在森林背景下的草地上，浅琥珀色，绿色的风格，写实主义，自然风光和详细的野生动物摄影，具有专业的色彩分级和柔和的阴影，清晰的焦点，前景构图。

在 AI 摄影中，使用提示词"前景构图"可以丰富画面色彩和层次感，并且能够增加照片的丰富度，让画面变得更为生动、有趣。在某些情况下，前景构图还可以用来引导视线，更好地吸引观众目光。

9.1.2 中心构图：突出主题并创造画面焦点

扫码看视频

中心构图是指将主体对象放置于画面的正中央，使其尽可能地处于画面的对称轴上，从而让主体在画面中显得非常突出和集中，效果如图9-2所示。

图 9-2　中心构图效果

这张 AI 摄影作品使用的提示词如下：
岩石上生长着五颜六色的小花，花瓣娇嫩，色彩艳丽，春天拍摄，中心构图，高清摄影，高分辨率，超真实镜头，高质量和精细的细节。

在 AI 摄影中，使用提示词"中心构图"可以有效突出主体的形象和特征，适用于花卉、鸟类、宠物和人像等类型的照片。

9.1.3 对称构图：营造出平衡和谐的视觉效果

对称构图是指将被摄对象平分成两个或多个相等的部分，在画面中形成左右对称、上下对称或对角线对称等不同形式，从而产生一种平衡和富有美感的画面效果，如图9-3所示。

图 9-3　对称构图效果

> 这张 AI 摄影作品使用的提示词如下：
> 阿拉斯加美丽的秋景，白雪皑皑的山脉映在湖中，五颜六色的树叶和清澈的蓝天，群山倒映在湖中，风光很美，高清摄影，详细细节，对称构图。

在 AI 摄影中，使用提示词"对称构图"可以创作出一种冷静、稳重、平衡和具有美学价值的对称视觉效果，往往会给人们带来视觉上的舒适感和认可感，并强化他们对画面主体的印象和关注度。

9.1.4 框架构图：将观众的视线引向主体上

框架构图是指通过在画面中增加一个或多个"边框"，将主体对象放置其中，可以更好地表现画面的魅力，并营造出富有层次感、优美而出众的视觉效果，如图9-4所示。

图 9-4　框架构图效果

这张 AI 摄影作品使用的提示词如下：
一张黑白照片，一座中国古代建筑的剪影，从下面透过现代建筑的天窗看到，框式构图，采用广角镜头拍摄，极简主义风格和对称设计，背景简单，浅灰色和深色之间形成鲜明对比，高质量，高清摄影。

　　在 AI 摄影中，提示词"框架构图"可以结合多种"边框"共同使用，例如，树枝、花草等物体自然形成的"边框"，或者窄小的通道、建筑物、窗户、隧道等人工制造出来的"边框"。

9.1.5　斜线构图：强调主题的突出和重要性

　　斜线构图是一种利用对角线或斜线来组织画面元素的构图技巧，通过将线条倾斜放置在画面中，可以带来独特的视觉效果，并显得更有动感，效果如图 9-5 所示。

扫码看视频

图 9-5　斜线构图效果

这张 AI 摄影作品使用的提示词如下：

海上高铁，浩瀚大洋上的高铁大桥，落日余晖，无人机鸟瞰图，背景为中国现代建筑，斜线构图，超广角镜头，电影风格，纪实摄影。

在 AI 摄影中，使用提示词"斜线构图"可以在画面中创造一种自然而流畅的视觉导引，让观众的目光沿着线条的方向移动，从而引起观众对画面中特定区域的注意。

9.1.6　微距构图：展现微观世界的奇妙和美丽

微距构图是一种专门用于拍摄微小物体的构图方式，主要目的是尽可能地展现主体的细节和纹理，以及赋予其更大的视觉冲击力，适用于花卉、小动物、美食或生活中的小物品等类型的照片，效果如图 9-6 所示。

扫码看视频

图 9-6　微距构图效果

这张 AI 摄影作品使用的提示词如下：
美丽的黄玫瑰，花朵的高清摄影，黑色背景，特写，微距构图，超逼真。

在 AI 摄影中，使用提示词"微距构图"可以大幅度地放大展现非常小的主体细节和特征，包括纹理、线条、颜色、形状等，从而创作出一个独特且让人惊艳的视觉空间，更好地表现画面主体的神秘感、精致感和美感。

9.1.7 三分法构图：营造出和谐、平衡的效果

扫码看视频

三分法构图，又称为三分线构图，是指将画面从横向或竖向平均分割成三个部分，并将主体或重点位置放置在这些划分线或交点上，这样可以有效提高照片的平衡感和突出主体，效果如图 9-7 所示。

图 9-7　三分法构图效果

这张 AI 摄影作品使用的提示词如下：
一座灯塔矗立在一座被岩石环绕的岛屿边缘，周围是海水，背景是遥远的岛屿和天空，灯塔是白色的，很小，而周围的岩层是棕橙色的，三分线构图。

在 AI 摄影中，使用提示词"三分线构图"可以将画面主体平衡地放置在相应的位置上，实现视觉张力的均衡分配，从而更好地传达出画面的主题和情感。

9.2　AI 摄影后期处理：四个技巧掌握二次构图技巧

在使用 AI 模型生成照片时，用户可以通过添加一些拍摄角度和构图方式的提示词，加以体现照片的意境。当然，用户也可以通过 Photoshop 进行二次构图达到预想的效果，以独特的画面表现自己想要表达的意境。

9.2.1　裁剪照片以实现二次构图，去除多余的背景

扫码看视频

　　Photoshop 的裁剪工具 ┗┚.可以帮助用户轻松地裁剪照片，去除不需要的部分，以达到最佳的视觉效果。裁剪工具 ┗┚.可以很好地控制照片的大小和比例，同时也可以对照片进行视觉剪裁，让画面更具美感，原图与效果对比如图 9-8 所示。

图 9-8　原图与效果对比

　　下面介绍裁剪照片以实现二次构图的操作方法。

　　▶▶ 步骤 1　打开一幅素材图像，选取工具箱中的裁剪工具 ┗┚.，在工具属性栏中设置剪裁比例为 3∶4，如图 9-9 所示。

　　▶▶ 步骤 2　在图像编辑窗口中调整裁剪框的位置，如图 9-10 所示，按【Enter】键确认，即可裁剪图像的尺寸，完成对画面的重新构图。

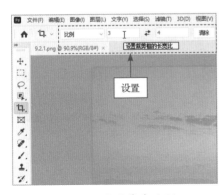

图 9-9　设置剪裁比例　　　　　图 9-10　调整裁剪框的位置

第 9 章

构图不行？11 种构图让 AI 照片更有层次感

155

指点：在图像上的变换控制框中，用户可根据需要对裁剪区域进行适当调整，将鼠标指针移动至控制框四周的八个控制点上，当指针呈双向箭头↔形状时，单击的同时并拖动，即可放大或缩小裁剪区域；将鼠标指针移动至控制框外，当指针呈↲形状时，可对其裁剪区域进行旋转。

指点：在裁剪工具属性栏的"比例"文本框中输入相应的比例数值，裁剪后照片的尺寸由输入的数值决定，与裁剪区域的大小没有关系。

9.2.2 在照片中增加相关元素，对画面重新布局

使用 Photoshop 的"创成式填充"功能，可以在图像的局部区域进行 AI 绘画操作，用户只需要在画面中框选某个区域，然后输入想要生成的内容提示词，即可生成对应的图像内容，完成对画面的重新布局，原图与效果对比如图 9-11 所示。

扫码看视频

图 9-11　原图与效果对比

下面介绍在照片中增加相关元素对画面重新布局的操作方法。

▶▶步骤 1　打开一幅素材图像，运用矩形选框工具▣创建一个矩形选区，如图 9-12 所示。

▶▶ 步骤2 在下方的浮动工具栏中单击"创成式填充"按钮，在浮动工具栏左侧的输入框中输入提示词"一只老鹰"，如图 9-13 所示。

▶▶ 步骤3 单击"生成"按钮，即可生成相应的图像效果。注意，即使是相同的提示词，Photoshop 的"创成式填充"功能每次生成的图像效果都不一样。在生成式图层的"属性"面板中，在"变化"选项区中选择相应的图像，即可改变画面中生成的图像效果。

图 9-12　创建一个矩形选区　　　　图 9-13　输入提示词

指点：　"创成式填充"功能利用先进的 AI 算法和图像识别技术，能够自动从周围的环境中推断出缺失的图像内容，并智能地进行填充。"创成式填充"功能使得移除不需要的元素或补全缺失的图像部分变得更加容易，节省了用户大量的时间和精力。

9.2.3　去除照片中的多余元素，完善画面的构图

AI 照片中经常会出现一些多余的人物、动物或妨碍画面美感的物体，通过一些简单的操作即可去除这些多余的杂物，例如，污点修复画笔工具 ，、移除工具 等，让画面的构图更有吸引力，效果如图 9-14 所示。

扫码看视频

图 9-14　原图与效果对比

下面介绍去除照片中的多余元素完善画面构图的操作方法。

▶▷ 步骤1　打开一幅素材图像，选取工具箱中的污点修复画笔工具，在工具属性栏中设置画笔"大小"为 200 像素，如图 9-15 所示。

▶▷ 步骤2　移动鼠标指针至照片下方的柠檬处，按住鼠标左键并拖动，对图像进行涂抹，鼠标涂抹过的区域呈黑色显示，如图 9-16 所示，释放鼠标左键，即可修复照片中的瑕疵。

图 9-15　设置画笔的大小　　　　图 9-16　对图像进行涂抹

指点：在污点修复画笔工具属性栏中，各主要选项含义如下。

▸ 模式：在该列表框中可以设置修复图像与目标图像之间的混合方式。

▸ 内容识别：选中该单选按钮修复图像时，将根据图像内容识别像素并自动填充。

▸ 创建纹理：选中该单选按钮后，在修复图像时，将根据当前图像周围的纹理自动创建一个相似的纹理，从而在修复瑕疵的同时保证不改变原图像的纹理。

▸ 近似匹配：选中该单选按钮修复图像时，将根据当前图像周围的像素来修复瑕疵。

▸ 对所有图层取样：选中该复选框，可以从所有的可见图层中提取数据。

9.2.4 将照片调为横幅全景，更显宽广、大气

全景构图的优点，一是画面内容丰富人而全，二是视觉冲击力很强，极具观赏性价值。在 Photoshop 中扩展图像的画布后，使用"创成式填充"功能可以自动填充空白的画布区域，生成

扫码看视频

与原图像对应的内容，即可快速得到一张横幅全景图，原图与效果对比如图 9-17 所示。

图 9-17　原图与效果对比

下面介绍将照片调为横幅全景的操作方法。

▸▸ 步骤 1　打开一幅素材图像，单击"图像"|"画布大小"命令，弹出"画布大小"对话框，选择相应的定位方向，并设置"宽度"为 2 500 像素，如图 9-18 所示。

▸▸ 步骤 2　单击"确定"按钮，即可从左右两侧扩展图像画布，效果如图 9-19 所示。

图 9-18　设置相应参数

图 9-19　扩展图像画布

▶▶步骤3　选取工具箱中的矩形选框工具 [], 在图像区域创建一个矩形选区, 单击"选择"|"反选"命令, 反选图像的空白区域, 在下方的浮动工具栏中单击"创成式填充"按钮, 然后单击"生成"按钮, 如图 9-20 所示。

图 9-20　单击"创成式填充"按钮

▶▶步骤4　稍等片刻, 即可在空白的画布中生成相应的图像内容, 且能够与原图像无缝融合, 效果如图 9-21 所示。

图 9-21　生成相应的图像内容

第 **10** 章

色彩不佳? 13 种色调让 AI 照片更加生动

色彩是情感表达的重要手段之一，色彩丰富、鲜明的图像更容易引起人们的注意，通过独特的色彩搭配和表现方式，可以使图像更加易于识别和记忆。提高 AI 照片的色彩表现力不仅可以增强图像的吸引力和感染力，提升视觉体验，还可以丰富情感表达，突出重点内容，增加图像品质。本章主要介绍 13 种色调让 AI 照片更加生动的方法。

10.1 AI 摄影生成技巧：八种经典色调的运用

色调是指整个照片的颜色、亮度和对比度的组合，它是照片在后期处理中通过各种软件进行的色彩调整，从而使不同的颜色呈现出特定的效果和氛围感。

在 AI 摄影中，色调提示词的运用可以改变照片的情绪和气氛，增强照片的表现力和感染力。因此，用户可以通过运用不同的色调提示词来加强或抑制不同颜色的饱和度和明度，以便更好地传达照片的主题思想和主体特征。

10.1.1 橙色调：营造出阳光、热情的氛围

扫码看视频

橙色调是一种明亮、高饱和度的色调。在 AI 摄影中，使用提示词"橙色调"可以营造出充满活力、兴奋和温暖的氛围感，常常用于强调画面中的特定区域或主体等元素。

橙色调常用于生成户外场景、阳光明媚的日落或日出、运动比赛等 AI 摄影作品，在这些场景中会有大量金黄色的元素，因此，加入提示词"橙色调"会增加照片的立体感，并凸显画面瞬间的情感张力，效果如图 10-1 所示。

图 10-1 橙色调的 AI 摄影作品

这张 AI 摄影作品使用的提示词如下：
壮观的日落映在雄伟的大洋路上，橙色调的天空填满了整个天际，前方是一片荒凉的海滩，俯瞰着广阔的海洋波浪，营造出一幅宁静而令人敬畏的场景。

另外，使用亮丽橙色调时，也需要尽量控制其饱和度，以免过于画面颜色刺眼或浮夸，从而影响照片的整体效果。

10.1.2 绿色调：营造出充满生机与宁静的氛围

扫码看视频

绿色调具有柔和、温馨等特点，在 AI 摄影中使用该提示词可以营造出大自然的感觉，令人联想到青草、森林或童年，常用于生成自然风光、绿色水果或环境人像等 AI 摄影作品，效果如图 10-2 所示。

图 10-2　绿色调的 AI 摄影作品

这张 AI 摄影作品使用的提示词如下：
绿色调的葡萄，特写，深色背景，绿色葡萄叶上的水滴，高清摄影，商业图像，丰富的色彩和细节，工作室照明，专业的色彩分级，清晰的焦点，浅景深，专业摄影师的风格。

指点：绿色是生命和生机的象征，因此绿色的葡萄给人一种生机勃勃、蓬勃发展的感觉，使人感受到生命的活力和力量。绿色也是植物的主要颜色，因此，生成的图像可能会增强森林、树木、树叶或其他植物的氛围，使得这些元素更加突出和生动。

10.1.3 蓝色调：营造出冷静、内敛的视觉效果

扫码看视频

蓝色是寒冷的代表色，生成的图像会呈现出一种寒冷、清凉的氛围。使用蓝色调可以使生成的图像营造出刚毅、坚定和高雅等视觉感受，适用于生成城市建筑、街道、科技场景等 AI 摄影作品。

在 AI 摄影中，使用提示词"蓝色调"能够突出画面中的主体对象，让画面看起来更加稳重和成熟，同时还能够营造出高雅、精致的气质，从而使对象更具美感和艺术性，效果如图 10-3 所示。

图 10-3　蓝色调的 AI 摄影作品

这张 AI 摄影作品使用的提示词如下：
3D 渲染，电动跑车设计的全身显示，蓝色调风格，动态运动模糊背景，高分辨率摄影，高质量细节，高清晰度，超逼真。

10.1.4 糖果色调：营造出欢快、甜美的视觉效果

扫码看视频

糖果色调是一种鲜艳、明亮的色调，常用于营造轻松、欢快和甜美的氛围感。糖果色调主要是通过增加画面的饱和度和亮度，

同时减少曝光度来达到柔和的画面效果，通常会给人一种青春跃动和甜美可爱的感觉。

在 AI 摄影中，提示词"糖果色调"非常适合生成建筑、街景、儿童、人像、食品、花卉等类型的照片。例如，在生成人像照片时，添加提示词"糖果色调"能够给人一种甜美的视觉感受，色彩丰富又不刺眼，效果如图 10-4 所示。

图 10-4　糖果色调的 AI 摄影作品

这张 AI 摄影作品使用的提示词如下：
一个粉红色头发的女孩，穿着动漫风格的蓝白糖果色调连衣裙，袖子蓬松，裙摆底部有荷叶边。她有一双大眼睛，手上拿着粉红色的棒棒糖。背景以樱花为主，营造出梦幻般的氛围。

10.1.5　红色调：营造出温暖、热烈的视觉效果

红色调是一种富有高级感和独特性的暖色调，通常被应用于营造温暖、温馨、浪漫和优雅的氛围感。在 AI 摄影中，使用提示词"红色调"可以使画面充满活力与情感，适用于生成风景、肖像、花卉等类型的照片。

提示词"红色调"能够强化画面中红色元素的视觉冲击力，表现出温暖、热烈的氛围感，从而赋予 AI 摄影作品一种特殊的情感，效果如图 10-5 所示。

图 10-5　红色调的 AI 摄影作品

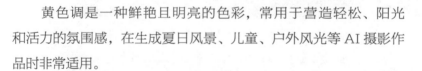

这张 AI 摄影作品使用的提示词如下：
特写，红色调，一朵带着露水的红玫瑰，象征着情人节的爱情和浪漫，聚焦于花瓣和水滴的精细细节，以自然的风格呈现。

10.1.6　黄色调：营造出阳光、明亮的视觉效果

黄色调是一种鲜艳且明亮的色彩，常用于营造轻松、阳光和活力的氛围感，在生成夏日风景、儿童、户外风光等 AI 摄影作品时非常适用。

黄色调能够给人带来愉悦的感觉，使画面显得轻松、明亮和充满活力，往往被用于表现具有幸福、快乐、清新感的场景，例如，春天盛开的花朵、夏季的游泳和沙滩，以及秋天的麦田等，效果如图 10-6 所示。

图 10-6 黄色调的 AI 摄影作品

这张 AI 摄影作品使用的提示词如下：
黄海的稻田，黄色调，公路和运河的鸟瞰图，这条路穿过稻田，两侧都是农田，使用 DJI Mavic Pro 3 无人机进行航拍，高清晰度图像质量。

10.1.7　霓虹色调：营造出炫酷、独特的视觉效果

扫码看视频

　　霓虹色调是一种非常亮丽和夸张的色调，尤其适用于生成城市建筑、潮流人像、音乐表演等 AI 摄影作品。

　　在 AI 摄影中，提示词"霓虹色调"常用于营造时尚、前卫和奇特的氛围感，使画面极富视觉冲击力，从而给人留下深刻的印象，效果如图 10-7 所示。

图 10-7　霓虹色调的 AI 摄影作品

这张 AI 摄影作品使用的提示词如下：

夜晚的未来主义城市景观，霓虹灯在潮湿的街道上反射，摩天大楼高耸，现场充满活力，捕捉到赛博朋克美学的精髓。

在 AI 摄影中，常用来展现霓虹色调的提示词有：霓虹光效、霓虹色彩、霓虹灯、霓虹光影、霓虹街景、霓虹夜景、霓虹建筑、霓虹艺术、霓虹效果。

10.1.8　极简黑白色：使照片呈现出简约的美感

扫码看视频

极简黑白色调能够给人带来一种简约、淡雅、干净和清晰的视觉感受，在 AI 摄影中常被用于营造出单纯、素雅、精致等氛围感。

极简黑白色调是一种简约而神秘的色调，其特点在于剔除画面中不必要的元素，突出主体并强调其形态和质感，效果如图 10-8 所示。

图 10-8　极简黑白色的 AI 摄影作品

这张 AI 摄影作品使用的提示词如下：

中国古镇建筑，极简黑白风格，平和和谐，简约，极简。

10.2　AI 摄影后期处理：五个后期调色技巧

调色对许多用户来说，一直是比较头疼的问题，要手动逐个调整曝光度、色温、曲线等参数，不仅费时费力，往往也难以达到想要的色彩效果。其实，Photoshop 内置了许多好用且一键式的预设功能，可以极大地降低调色的难度，让图像的色彩效果立即提升一个档次。本节主要介绍 Photoshop 中的五个后期调色技巧。

10.2.1　运用"暖色"预设，调出暖色调风格

扫码看视频

　　在风光照片中适当增加一点暖色调，即可令色彩更为和谐、统一。"暖色"预设还可以平衡不同的光源变化，中和过冷的色温，原图与效果对比如图 10-9 所示。

图 10-9　原图与效果对比

　　下面介绍运用"暖色"预设调出暖色调风格的操作方法。

　　▶▶ 步骤 1　打开一幅素材图像，单击"窗口"|"调整"命令，如图 10-10 所示。

　　▶▶ 步骤 2　执行操作后，展开"调整"面板，如图 10-11 所示。

图 10-10　单击"调整"命令　　　　图 10-11　展开"调整"面板

▶▶ 步骤 3　单击"调整预设"选项前面的箭头图标 ❯，展开"调整预设"选项区，在下方单击"更多"按钮，如图 10-12 所示。

▶▶ 步骤 4　执行操作后，展开"人像"选项区，选择"阳光"选项，如图 10-13 所示。用同样的方法选择"人像"选项区中的"暖色"选项，即可将风光照片调为暖色调的效果。

图 10-12　单击"更多"按钮

图 10-13　选择"阳光"选项

指点：无论是批量调整多张照片的色彩风格，还是想给某张照片增加某种特定的氛围，利用 Photoshop 中的预设功能都能轻松实现。使用预设功能可以彻底解放用户的双手，只需要一键点击，就能自动调整好所有参数，快速达到理想的色彩效果，再也不用手动逐步调参数，让图像调色成为一件轻松、惬意的事。

10.2.2　运用"着色"功能，给图像自动上色

借助 Neural Filters 滤镜的"着色"功能，可以自动为黑白照片上色。注意，目前该功能的上色精度不够高，用户应尽量选择简单的图像进行处理，原图与效果对比如图 10-14 所示。

扫码看视频

下面介绍运用"着色"功能给图像自动上色的操作方法。

▶▶ 步骤 1　打开一幅素材图像，单击"滤镜"| Neural Filters 命令，展开 Neural Filters 面板，在左侧的"所有筛选器"列表框中开启"着色"功能，如图 10-15 所示。

图 10-14　原图与效果对比

▶▶ 步骤 2　在面板下方拖动滑块设置"饱和度"为 +40、"青色 / 红色"为 +15、"洋红色 / 绿色"为 +13、"黄色 / 蓝色"为 +15、"颜色伪影消除"为 25，如图 10-16 所示，单击"确定"按钮，即可为黑白图像上色。

图 10-15　开启"着色"功能

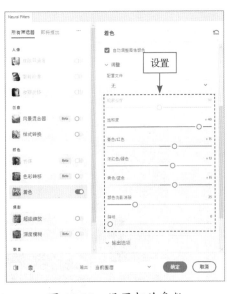

图 10-16　设置相关参数

10.2.3　使用白平衡工具，自动校正色温和色调

使用 AI 绘画工具生成相应的摄影作品时，如果白平衡设置不当，会影响整个画面的色彩氛围。此时，在后期处理中，利用 Camera Raw 滤镜中的白平衡工具，可以还原拍摄场景的颜色，

扫码看视频

让画面更自然，原图与效果对比如图 10-17 所示。

图 10-17　原图与效果对比

下面介绍使用白平衡工具自动校正色温和色调的操作方法。

▶▶ 步骤 1　打开一幅素材图像，单击"滤镜"|"Camera Raw 滤镜"命令，打开 Camera Raw 窗口，在右侧面板中单击白平衡工具，如图 10-18 所示。

图 10-18　单击白平衡工具

▶▶ 步骤 2　在草莓图像上的适当位置单击，即可自动调整图像的白平衡效果，如图 10-19 所示。

图 10-19 自动调整图像的白平衡效果

▶▶ 步骤3 在右侧的"亮"选项区中，设置"曝光"为 -0.25、"高光"为 -19；在"颜色"选项区中，设置"色温"为 -59、"色调"为 -29、"自然饱和度"为 +15，如图 10-20 所示，调整图像的画面细节，使图像更具吸引力。调色完成后，单击"确定"按钮即可。

图 10-20 设置相关参数

10.2.4 运用 Camera Raw 预设，实现自动化一键调色

在 Camera Raw 中，包括多种有关风景主题的调色滤镜组，例如，"季节：春季""季节：夏季""季节：秋季""季节：冬季"及"主题：风景"等滤镜组，在这些滤镜组中选择相应的预设样式可以调出相应的主题效果，原图与效果对比如图 10-21 所示。

扫码看视频

图 10-21　原图与效果对比

下面介绍运用 CRA 预设实现自动化一键调色的操作方法。

▶▷ 步骤 1 打开一幅素材图像，单击"滤镜"|"Camera Raw 滤镜"命令，打开 Camera Raw 窗口，在右侧面板中单击"预设"按钮 ，打开"预设"面板，其中包括"季节：春季""季节：夏季""季节：秋季""季节：冬季"及"主题：风景"等滤镜组，如图 10-22 所示。

图 10-22　预设中相应的主题效果

▶▷ 步骤 2 展开"季节：春季"选项，在下方选择"SP11"选项，如图 10-23 所示，即可将图像调整为春季色调，画面清新有活力。

▶▷ 步骤 3 展开"季节：夏季"选项，在下方选择"SM02"选项，如图 10-24 所示，即可将图像调整为夏季色调，色彩鲜艳。调色完成后，单击"确定"按钮即可。

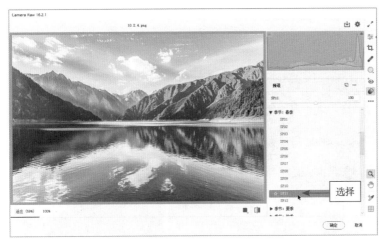

图 10-23　选择“SP11”选项

图 10-24　选择“SM02”选项

指点：在“季节：夏季”滤镜组中选择 SM02 预设样式后，拖动上方的滑块数值，可以设置滤镜的强度，向左拖动滑块，可以减淡滤镜效果；向右拖动滑块，可以加强滤镜效果。

10.2.5　使用“优化饱和度”功能，微调照片色彩

在 Camera Raw 中使用点曲线工具编辑图像时，图像的整体饱和度会发生改变，如果要在进行点曲线调整时控制图像的饱和度变化，可以使用“优化饱和度”功能对图像进行调整，原图与效果对比如图 10-25 所示。

扫码看视频

图 10-25　原图与效果对比

下面介绍使用"优化饱和度"功能微调照片色彩的操作方法。

▶▷ 步骤 1　打开一幅素材图像，单击"滤镜"丨"Camera Raw 滤镜"命令，打开 Camera Raw 窗口，如图 10-26 所示。

图 10-26　打开一幅素材图像

> 指点：曲线的概念很多人都听过，尤其对于刚接触后期处理的新手来说，曲线更是一个相当"振奋人心"的功能，因为曲线似乎能解决很多问题，蕴含着无穷无尽的"魔力"。其实，曲线只是一个工具，一个用于控制不同影调区域对比度的工具。曲线的更改表示对图像色调范围所做的更改，其水平轴表示图像的原始色调值，左侧为黑色，向右侧逐渐变亮；垂直轴表示图像的更改色调值，底部为黑色，向上逐渐变为白色。

▶▷ 步骤 2　展开"曲线"选项区，单击"单击以编辑点曲线"按钮◉，如图 10-27 所示。

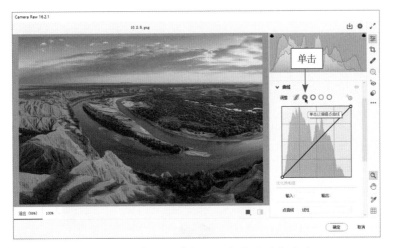

图 10-27　单击"单击以编辑点曲线"按钮

▶▶ 步骤 3　在曲线上添加两个控制点，设置第一个控制点的"输入"为 92、"输出"为 100；设置第二个控制点的"输入"为 165、"输出"为 211、"优化饱和度"为 95，如图 10-28 所示，调整图像的色调，并优化图像的饱和度。

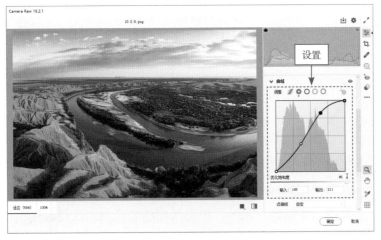

图 10-28　设置相关参数

▶▶ 步骤 4　调色完成后，单击"确定"按钮即可。

第**11**章

光线不好？11 种
影调让 AI 照片
更加自然

　　在 AI 摄影中，合理地加入一些光线提示词，可以
创作出不同的画面效果和氛围感，通过加入光源角度、
光源类型等提示词，可以对画面主体进行突出或柔化
处理，调整场景氛围，增强画面的表现力，从而深化
AI 照片的内容。本章主要介绍 11 种影调让 AI 照片更
加自然的方法。

11.1 AI 摄影生成技巧：塑造光影魅力的六种光线

光线对于 AI 摄影来说非常重要，它能够营造出非常自然的氛围感和光影效果，突显照片的主题特点，同时也能够掩盖不足之处。因此，我们要掌握各种特殊光线提示词的用法，从而有效提升 AI 摄影作品的质量和艺术价值。本节将为大家介绍六种极具魅力的光线提示词用法，希望对大家能有所帮助。

11.1.1 冷光：营造出寒冷、清新的画面氛围

冷光是指色温较高的光线，通常呈现出蓝色、白色等冷色调。在 AI 摄影中，使用提示词"冷光"可以营造出寒冷、清新、高科技的画面感，并且能够突出主体对象的纹理和细节。例如，在用 AI 模型生成风景照片时，添加提示词"冷光"可以赋予场景高贵、冷静的视觉效果，如图 11-1 所示。

扫码看视频

图 11-1 冷光 AI 摄影生成效果

这张 AI 摄影作品使用的提示词如下：
远处是一望无际的山脉，前方是白雪皑皑的山峰，近处是一个湖泊，还有一片森林，一座小木桥横跨其部分表面，天空阴云密布，冷光，以佳能 EOS R5 F2 ISO30 8 mm 的风格拍摄。

指点：在 AI 艺术和商业作品中，通过使用冷光可以传达特定的情绪和氛围，冷光特别适用于风景摄影、建筑摄影、夜景摄影及某些类型的人像和产品摄影中，尤其是当需要强调产品的清洁、精密或高科技属性时。

11.1.2 暖光：创造出温暖、舒适的画面氛围

扫码看视频

暖光是指色温较低的光线，通常呈现出黄、橙、红等暖色调。在 AI 摄影中，使用提示词"暖光"可以营造出温馨、舒适、浪漫的画面感，并且能够突出主体对象的色彩和质感。例如，在使用 AI 生成美食照片时，添加提示词"暖光"可以让食物的色彩变得更加诱人，效果如图 11-2 所示。

图 11-2　暖光 AI 摄影生成效果

这张 AI 摄影作品使用的提示词如下：
湖南麻婆豆腐，在铁锅中滋滋作响，旁边是鲜艳的红辣椒和新鲜的西红柿，创造了一个令人垂涎的美味视觉吸引力，照片逼真，高分辨率，高品质，逼真的风格，暖光。

11.1.3 侧光：强调主体对象的轮廓和立体感

扫码看视频

侧光是指从侧面斜射的光线，通常用于强调主体对象的纹理和形态。在 AI 摄影中，使用提示词"侧光"可以突出主体对象的表面细节和立体感，在强调细节的同时也会加强色彩的对比度和明暗反差效果，效果如图 11-3 所示。

图 11-3　侧光 AI 摄影生成效果

这张 AI 摄影作品使用的提示词如下：
一碗凉拌腐竹，上面撒着红色的辣椒，放在一张白色的桌面上，桌面周围有烧烤的痕迹，这是一张从上方拍摄的特写照片，光线从侧面斜射，侧光。

11.1.4　逆光：营造出神秘、浪漫的画面氛围

逆光是指从主体的后方照射过来的光线，在摄影中也称为背光。在 AI 摄影中，使用提示词"逆光"可以营造出强烈的视觉层

扫码看视频

次感和立体感，让物体轮廓更加分明、清晰，在生成人像类和风景类的照片时效果非常好，如图 11-4 所示。

图 11-4　逆光 AI 摄影生成效果

这张 AI 摄影作品使用的提示词如下：

河上的一座桥，沐浴在温暖的晚霞中，日落的天空，远处的城市倒映在水面上，逆光，超逼真，超详细的风格。

指点：在用 AI 模型绘制夕阳、日出、日落和水上反射等场景时，逆光能够产生剪影和色彩渐变，给照片带来极具艺术性的画面效果。

11.1.5　电影光：效果鲜明、富有明暗对比

扫码看视频

电影光是指在摄影和电影制作中所使用的类似于电影画面风格的灯光效果，通常是一些特殊的照明技术。

在 AI 摄影中，使用提示词"电影光"可以让照片呈现出更加浓郁的电影感和意境感，使照片中的光线及其明暗关系更加突出，营造出各种神秘、魅力、悬念等视觉感受，效果如图 11-5 所示。

图 11-5　电影光 AI 摄影生成效果

这张 AI 摄影作品使用的提示词如下：

一位身穿黑色旗袍的年轻中国妇女坐在蓝色沙发上，她面前是一盏老式的台灯，呈现出电影光的效果。她化着精致的妆，涂着红色的口红，微微一笑，采用复古风格，色调温暖。

11.1.6　赛博朋克光：呈现出高对比度、鲜艳的色彩

赛博朋克光是一种特定的光线类型，通常用于电影画面、摄影作品和艺术作品中，以呈现明显的未来主义和科幻元素等风格。在 AI 摄影中，可以运用提示词"赛博朋克光"呈现出高对比度、鲜艳的颜色和各种几何形状，从而增加照片的视觉冲击力和表现力，效果如图 11-6 所示。

图 11-6　赛博朋克光 AI 摄影生成效果

这张 AI 摄影作品使用的提示词如下：
城市夜景，纽约市霓虹灯璀璨的高层建筑，航拍视角，城市景观摄影，紫色和蓝色的霓虹灯，赛博朋克光，广角镜头，鸟瞰视角，摩天大楼高耸天空。

11.2　AI 摄影后期处理：五个技巧优化影调层次

光线和影调是照片中的重要元素，能够增强图像的立体感和层次感，不仅可以使图像更加生动，还能增强画面的视觉效果。通过合适的光线处理，可以使主体在图像中更加突出，吸引观者的注意力，突显照片的主题或重点。本节主要介绍五个通过 Photoshop 优化照片光线与影调的方法，使 AI 照片更显层次感。

11.2.1　调整照片亮度 / 对比度，还原正常光线

扫码看视频

有时候使用 AI 绘画工具生成的图片曝光不足，会导致图像中的色彩失真，使颜色看起来暗淡无光。此时，可以通过 Photoshop 进行后期处理，还原正常的光线，原图与效果对比如图 11-7 所示。

图 11-7　原图与效果对比

下面介绍调整照片亮度 / 对比度还原正常光线的操作方法。

▶▶ 步骤 1　打开一幅素材图像，单击"图像"|"调整"|"亮度 / 对比度"命令，如图 11-8 所示。

▶▶ 步骤 2　弹出"亮度 / 对比度"对话框，在其中设置"亮度"为 60，如图 11-9 所示。

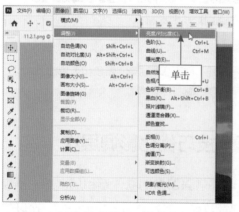

图 11-8　单击"亮度 / 对比度"命令

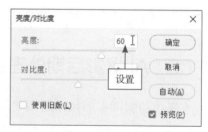

图 11-9　设置"亮度"参数

指点：在"亮度 / 对比度"对话框中设置"亮度"参数后，用户还可以根据需要设置"对比度"参数，通过调整图像的对比度，使画面更加清晰。

▶▷ 步骤 3 单击"确定"按钮，即可提亮画面，效果如图 11-10 所示。

▶▷ 步骤 4 单击"图像"|"调整"|"自然饱和度"命令，弹出"自然饱和度"对话框，设置"自然饱和度"为 +60、"饱和度"为 +15，如图 11-11 所示。单击"确定"按钮，即可调整照片的饱和度，加强照片的视觉色彩。

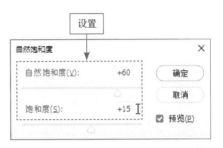

图 11-10 提亮画面的效果　　　图 11-11 设置自然饱和度的相关参数

11.2.2　校正照片的曝光，使照片细节更丰富、明亮

曝光是指被摄物体发出或反射的光线，通过相机镜头投射到感光器上，使之发生化学变化，产生显影的过程。一张 AI 照片的好坏，说到底就是影调分布是否足够体现光线的美感，以及曝光是否表现得恰到好处。在 Photoshop 中，可以通过"曝光度"命令来调整 AI 照片的曝光度，使画面曝光达到正常，原图与效果对比如图 11-12 所示。

扫码看视频

光线不好？11种影调让 AI 照片更加自然

图 11-12 原图与效果对比

下面介绍校正照片的曝光，使照片细节更丰富、明亮的操作方法。

▶▷ 步骤 1 打开一幅素材图像，单击"图像"|"调整"|"曝光度"命令，如图 11-13 所示。

▶▷ 步骤2 执行操作后，弹出"曝光度"对话框，设置"曝光度"为+1.90，如图 11-14 所示。"曝光度"的默认参数为 0，往左调为降低亮度，往右调为增加亮度。单击"确定"按钮，即可增加画面的曝光度，让画面变得更加明亮。

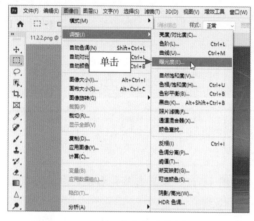

图 11-13 单击"曝光度"命令

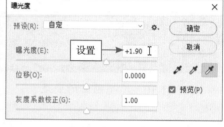

图 11-14 设置"曝光度"的相关参数

11.2.3 将亮光调为暗光，使画面更显深邃氛围

"暗色渐隐"预设可以调出深邃的色调氛围，通过让亮部和暗部的颜色渐进融合，呈现出一种从明亮到黑暗的平稳过渡，原图与效果对比如图 11-15 所示。

扫码看视频

图 11-15 原图与效果对比

下面介绍将亮光调为暗光，使画面更显深邃氛围的操作方法。

▶▷ 步骤1 打开一幅素材图像，在"调整"面板中展开"创意"选项区，选择"暗色渐隐"选项，如图 11-16 所示，降低画面的亮度和饱和度，并增强画面的对比度。

▶▶ 步骤 2   在"图层"面板中，可以查看新增的调整图层，如图 11-17 所示，在画面中烘托出一种神秘、深不可测的深邃氛围。

图 11-16   选择"暗色渐隐"选项

图 11-17   查看新增的调整图层

11.2.4   将冷光调为暖光，提升画面的温度和情感

借助 Neural Filters 滤镜的"色彩转移"功能，可以创造性地将色调风格从一张图片转移到另一张图片上，原图与效果对比如图 11-18 所示。

扫码看视频

图 11-18   原图与效果对比

下面介绍将冷光调为暖光，提升画面的温度和情感的操作方法。

▶▶ 步骤 1   打开一幅素材图像，单击"滤镜"| Neural Filters 命令，展开 Neural Filters 面板，在左侧的"所有筛选器"列表框中开启"色彩转移"功能，如图 11-19 所示。

步骤2 在右侧切换至"自定义"选项卡，在"选择图像"列表框中选择"从计算机中选择图像"选项，如图11-20所示。

图11-19 开启"色彩转移"功能

图11-20 选择相应的选项

步骤3 弹出"打开"对话框，选择相应的素材图像，如图11-21所示。

步骤4 单击"使用此图像"按钮，即可上传参考图像，如图11-22所示，并将参考图像中的色调风格应用到原素材图像中，单击"确定"按钮，即可实现图片色彩的转移。

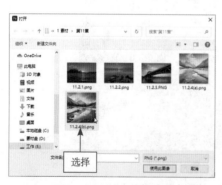

图11-21 选择相应的素材图像

图11-22 上传参考图像

11.2.5 使用"协调"功能，融合两个图像的光线

借助Neural Filters滤镜的"协调"功能，可以自动融合两个图层中的图

像颜色与亮度，让合成后的画面影调更加和谐、效果更加完美，原图与效果对比如图 11-23 所示。

扫码看视频

图 11-23　原图与效果对比

下面介绍使用"协调"功能融合两个图像光线的操作方法。

▶▶ 步骤1　打开一幅素材图像，在"图层"面板中选择"图层 1"图层，单击"滤镜" | Neural Filters 命令，展开 Neural Filters 面板，在左侧的"所有筛选器"列表框中开启"协调"功能，如图 11-24 所示。

▶▶ 步骤2　在右侧的"参考图像"下方的列表框中选择"背景"选项，如图 11-25 所示，即可根据参考图像所在的图层自动调整"图层 1"图层的色彩平衡。单击"确定"按钮，即可让两个图层中的画面影调变得更加协调。

图 11-24　开启"协调"功能　　　　图 11-25　选择"背景"选项

指点：在 Neural Filters 面板中开启"协调"功能后，在右侧选择"背景"选项，如果用户对于 Photoshop AI 自动调色的效果不满意，此时可以在下方设置"青色""洋红色""黄色""饱和度"及"亮度"参数值，直至调出满意的图像色彩。

第 **12** 章

视角错误？11 种
方法让 AI 照片
更加美观

在 AI 摄影中，合理地使用镜头视角与景别提示词，可以达到更好的画面表达效果，并在一定程度上突出主体对象的特征和情感，以表达出用户想要传达的主题和意境。本章主要介绍 11 种调整照片视角的方法，让 AI 照片更加自然。

12.1　AI 摄影生成技巧：塑造视觉效果的七种角度与景别

在 AI 摄影中，构图视角是指镜头位置和主体的拍摄角度，通过合适的构图视角控制，可以增强画面的吸引力和表现力，为照片带来最佳的观赏效果。镜头景别是指主体对象与镜头的距离，表现出来的效果就是主体在画面中的大小，例如，远景、中景、近景、特写等。本节主要介绍塑造视觉效果的七种角度与景别。

12.1.1　正视图：展示对象的正面全貌

正视图又称为正面视角，是指将主体对象置于镜头前方，让其正面朝向观众。也就是说，这种构图方式的拍摄角度与被摄主体平行，并且尽量以主体正面为主要展现区域，效果如图 12-1 所示。

扫码看视频

图 12-1　正面视角效果

这张 AI 摄影作品使用的提示词如下：
一个身穿黄色连衣裙的中国美女，正面对着镜头，头戴太阳帽，摆出拍照姿势，站在空旷的街道边，全身拍摄，高分辨率摄影，自然光照拍摄，佳能 R5 风格。

在 AI 摄影中，使用提示词"正面视角"可以呈现出被摄主体最清晰、最直接的形态，表达出来的内容和情感相对真实而有力，很多人都喜欢使用这种方式来刻画人物的神情、姿态等，或呈现产品的外观形态，以达到更亲近人心的效果。

12.1.2　后视图：强调对象的轮廓和形态

扫码看视频

后视图也称为背面视角，是指将镜头置于主体对象后方，从其背后拍摄的一种构图方式，适合于强调被摄主体的背面形态和对其情感表达的场景。在 AI 摄影中，使用提示词"背面视角"可以突出被摄主体的背面轮廓和形态，并能够展示出不同的视觉效果，营造出神秘、悬疑或引人遐想的氛围感，效果如图 12-2 所示。

图 12-2　背面视角效果

这张 AI 摄影作品使用的提示词如下：
一名披着红色纱巾的女孩坐在沙丘顶上，背面视角，头部用纱巾遮盖，注视着远方的日落，远处可见一个绿洲内的小镇，这是一张屡获殊荣的摄影作品，柔和的阴影没有对比度，光圈设置为 f/23。

12.1.3　侧面视图：突出对象的立体感

扫码看视频

侧面视角分为左侧视角、右侧视角及斜侧面视角，这些视角在摄影和绘画中都具有不同的应用效果。

左侧视角是指将镜头置于主体对象的左侧，常用于展现人物的神态和姿态，或突出左侧轮廓中有特殊含义的场景。右侧视角是指将镜头置于主体对象的右侧，常用于展现人物右侧的神态。还有一种是斜侧面视角，它不完全位于其左侧或右侧，而是处于两者之间的位置，这种视角更具有动态感和立体感，效果如图 12-3 所示。

图 12-3　斜侧面视角效果

这张 AI 摄影作品使用的提示词如下：
一位身穿白色衬衫、蓝色格纹裙、头戴草帽的亚洲女性，闭着眼睛坐在草地上，手里拿着一杯咖啡，在春天的大自然中，白色的花朵在她周围盛开，斜侧面视角，高清摄影。

12.1.4　远景：强调空间感和宏大感

远景也称为广角视野，是指以较远的距离拍摄某个场景或大环境，呈现出广阔的视野和大范围的画面效果，如图 12-4 所示。

扫码看视频

在 AI 摄影中，使用提示词"远景"能够将人物、建筑或其他元素与周围环境相融合，突出场景的宏伟壮观和自然风貌。另外，远景还可以表现出人与环境之间的关系，以及起到烘托氛围和衬托主体的作用，使得整个画面更富有层次感。

图 12-4　远景效果

这张 AI 摄影作品使用的提示词如下：
一对夫妇在米色沙滩上行走，鸟瞰图，远景，风景如画的金色海岸线和碧绿的海洋，周围有巨大的花岗岩巨石和绿色树木，这里的景色很美，有清澈的蓝天和人们在海滩上玩耍。

在 AI 摄影中，远景常用于生成风景、城市景观、建筑物等大范围的场景图像，可以传达出广阔、开阔的视觉感受。

12.1.5　中景：适合表现细节和重点

中景是指将人物主体呈现在画面中，可以展示出一定程度的背景环境，同时也能够使主体更加突出，效果如图 12-5 所示。中景是
扫码看视频
摄影中常用的一种视角，它处于远景和近景之间，使观众能够感受到画面中不同对象的远近关系。

> 指点：中景景别的特点是以表现某一事物的主要部分为中心，常常以动作情节取胜，环境表现则被降到次要地位。

在 AI 摄影中，使用提示词"中景"可以将主体完全填充于画面中，使得观众更容易与主体产生共鸣，同时还可以创作出更加真实、自然且具有文艺性的画面效果，为照片注入生命力。

图 12-5　中景效果

这张 AI 摄影作品使用的提示词如下：

一名身穿红色登山装备的女子，拿着手杖，背着背包，站在高山的顶峰上，坚定地凝视着远方，在日出时柔和的天空下俯瞰白雪皑皑的山峰，中景视角，三分线构图，索尼 EOS R7 相机拍摄，采用了自然摄影的风格。

指点：图 12-5 的这张中景照片，人物站在山顶的突出位置，成了画面的焦点，通过中景的表达方式，将人物放在右侧三分线的位置，使主体更为突出。夕阳的余晖洒在山峰和云层上，形成了金色的光影效果，为画面增添了一丝温暖和神秘感。

12.1.6　近景：突出对象的细节和质感

近景是指将人物主体的头部和肩部（通常为胸部以上）完整地展现于画面中，能够突出人物的面部表情和细节特点，效果如图 12-6 所示。在 AI 摄影中，使用提示词"近景"能够很好地表现出人物主体的情感细节，具体作用有以下两个方面。

扫码看视频

❶ 通过近景可以突出人物面部的细节特点，例如，表情、眼神、嘴唇等，进一步反映出人物的内心世界和情感状态。

❷ 近景可以为观众提供更丰富的信息，让他们更准确地了解到主体所处的场景和环境。

图 12-6　近景效果

这张 AI 摄影作品使用的提示词如下：
一位中国美女站在田野里，身穿米白色衬衫，头发被风吹向远方，近景摄影风格，背景是日落下的草原，柔和的色调和自然光照亮了她的脸。她有着精致的面部特征，涂着口红，增添了她的魅力。

12.1.7　特写：营造震撼、聚焦的视觉效果

特写是指将主体对象的某个部位或细节放大呈现于画面中，强调其重要性和细节特点，例如，人物的头部，效果如图 12-7 所示。

扫码看视频

图 12-7　特写效果

这张 AI 摄影作品使用的提示词如下：
一位美丽的中国女性的特写照片，她在白色背景下拥有干净、清新的皮肤，涂着口红，画了眼影和眼线。一张高分辨率照片，显示了详细的面部特征、眼睛、头发、鼻子和嘴唇，使用尼康 D850 相机拍摄，风格简洁、细致。

在 AI 摄影中，使用提示词"特写"可以将观众的视线集中到主体对象的某个部位上，加强特定元素的表达效果，并且让观众产生强烈的视觉感受和情

感共鸣。

另外，还有一种超特写景别，它是指将主体对象的极小部位放大呈现于画面中，适用于表述主体的最细微部分或某些特殊效果。在 AI 摄影中，使用提示词"超特写"可以更有效地突出画面主体，增强视觉效果。

12.2　AI 摄影后期处理：四大实用技巧纠正照片视角问题

使用 AI 绘画工具生成摄影照片时，如果照片的视角出了问题，可能会导致一系列不良的影响，例如，会导致观看者感到视觉上的不适或混乱，因为画面中的元素没有准确地排列或呈现，还会导致构图不佳，使照片缺乏美感和吸引力。本节主要介绍通过 Photoshop 进行后期处理，纠正照片的视角问题。

12.2.1　校正倾斜的照片角度，提高画面的稳定性

扫码看视频

透视裁剪工具是一种用于调整图像透视变换的工具，该工具可以使用户能够自由调整图像的透视，该功能对于矫正拍歪的身份证、拍斜的打印稿，或矫正具有线性特征的对象，例如，倾斜的书本等，非常有用，原图与效果对比如图 12-8 所示。

图 12-8　原图与效果对比

下面介绍校正倾斜的照片角度提高画面稳定性的操作方法。

▶▶ 步骤 1　打开一幅素材图像，选取工具箱中的透视裁剪工具，如图 12-9 所示。

▶▶ 步骤 2 将鼠标移至书籍封面左上角的位置，单击，添加第一个控制点，然后将鼠标移至书籍封面右上角位置，单击，添加第二个控制点，如图 12-10 所示。

▶▶ 步骤 3 将鼠标移至书籍封面右下角的位置，单击，添加第三个控制点，如图 12-11 所示。

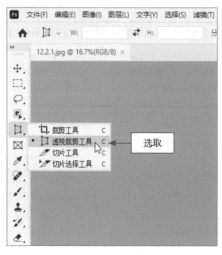

图 12-9 选取"透视裁剪工具"　　　　图 12-10 添加第二个控制点

▶▶ 步骤 4 将鼠标移至书籍封面左下角的位置，单击，添加第四个控制点，如图 12-12 所示，按【Enter】键确认操作，即可完成图像的透视变形操作。

图 12-11 添加第三个控制点　　　　图 12-12 添加第四个控制点

指点：透视裁剪工具允许用户直接调整图像周围的四个控制点，以便手动创建透视效果，这样的自由度有助于在图像上实现更加精细的调整。在工具属性栏中，若取消选中"显示网格"复选框，将隐藏图像中的网格效果。

12.2.2　调整照片的扭曲度，增强视觉冲击力

扫码看视频

　　Camera Raw 是由 Adobe 公司开发的一款图像处理软件，它是 Photoshop 软件的一个插件，其中有很多实用的功能，例如，调整"扭曲度"参数，可以修正画面的扭曲度，使照片恢复正常的视角，原图与效果对比如图 12-13 所示。

图 12-13　原图与效果对比

　　下面介绍调整照片扭曲度增强视觉冲击力的操作方法。

　　▶▶ 步骤 1　打开一幅素材图像，单击"滤镜"|"Camera Raw 滤镜"命令，打开 Camera Raw 窗口，展开"光学"选项区，如图 12-14 所示。

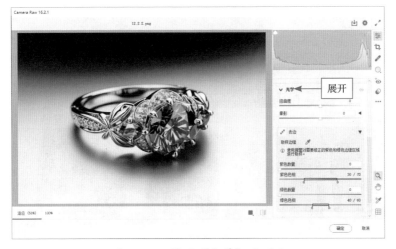

图 12-14　展开"光学"选项区

▶▶步骤2 设置"扭曲度"为-70，如图12-15所示，即可对画面进行扭曲变形，使主体更突出。

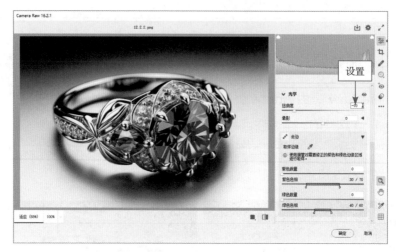

图12-15　设置"扭曲度"参数

12.2.3　运用平衡透视校正，消除画面畸变

在 Camera Raw 窗口中，有一个"几何"面板，其中有一个"自动：应用平衡透视校正"按钮**A**，可以用来自动校正图像中的透视变形，原图与效果对比如图12-16所示。

扫码看视频

图12-16　原图与效果对比

下面介绍运用平衡透视校正画面畸变的操作方法。

▶▶ 步骤 1 打开一幅素材图像，单击"滤镜"|"Camera Raw 滤镜"命令，打开 Camera Raw 窗口，单击右侧的"几何"按钮 ⬚，打开"几何"面板，如图 12-17 所示。

图 12-17 打开"几何"面板

▶▶ 步骤 2 单击"自动：应用平衡透视校正"按钮 **A**，在下方设置"垂直"为 -13、"水平"为 +2、"旋转"为 +1.1、"长宽比"为 -17、"缩放"为 105、"横向补正"为 +1.6，如图 12-18 所示，通过调整参数来恢复正常的视角。

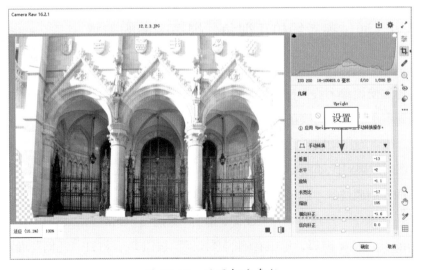

图 12-18 设置相应参数

▶▶ 步骤3 设置完成后，单击"确定"按钮，返回Photoshop工作界面，运用移除工具在图像左下角位置进行涂抹，补全缺失的画面，如图12-19所示，释放鼠标左键，即可恢复画面。

图 12-19 在图像左下角位置进行涂抹

指点：当AI绘图工具生成的建筑图像或任何具有直线结构的图像时，由于角度或距离，图像出现了透视失真，例如，建筑物的垂直线看起来向内或向外倾斜等，此时单击"自动：应用平衡透视校正"按钮 **A**，Camera Raw会尝试自动检测图像中的直线，并根据这些直线来调整图像，使其看起来更加真实和平衡。

12.2.4 通过参考线校正视角，提高图像的美感

扫码看视频

在Photoshop的Camera Raw窗口中，"几何"面板中有一个"通过使用参考线"按钮 ，该按钮允许用户手动进行透视校正，而不是依赖自动校正，这个功能特别适用于自动校正无法准确识别图像中的直线，或者当自动校正的结果不符合用户预期时，可以使用该按钮进行校正操作，原图与效果对比如图12-20所示。

下面介绍通过参考线校正视角提高图像美感的操作方法。

▶▶ 步骤1 打开一幅素材图像，单击"滤镜"|"Camera Raw滤镜"命令，打开Camera Raw窗口，单击右侧的"几何"按钮 ，打开"几何"面板，单击"通过使用参考线"按钮 ，如图12-21所示。

图 12-20　原图与效果对比

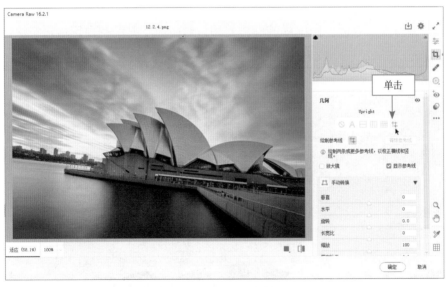

图 12-21　单击"通过使用参考线"按钮

▶▶ 步骤 2　在图像上依次单击，分别添加一条水平参考线与垂直参考线，对画面进行纠正，如图 12-22 所示。

图 12-22　通过水平参考线与垂直参考线对画面进行纠正

▶▶ 步骤3　单击"确定"按钮，返回 Photoshop 工作界面，运用移除工具在图像右下角位置进行涂抹，补全缺失的画面，如图 12-23 所示，释放鼠标左键，即可恢复画面。用同样的操作方法，对图像上方的空白区域进行涂抹，补全画面。

图 12-23　补全缺失的画面

第 **13** 章

创意摄影：20 个
不同领域的 AI
热门案例

　　AI 摄影作品既可以是纪实的，也可以是抽象的；
既可以追求自然真实的记录，也可以通过艺术手法呈
现出别样的美感。AI 摄影是一门具有高度艺术性和技
术性的创意活动。其中，人像、动物、风光、夜景、
静物、建筑和产品摄影作为热门的主题，在用这些主
题的 AI 照片展现瞬间之美的同时，也体现了用户对生
活、自然和世界的独特见解与审美体验。本章主要介
绍 20 个不同领域的 AI 热门案例，帮助大家掌握各种
类型的创作技巧。

13.1　AI人像摄影案例实战

在所有的摄影题材中，人像的拍摄占据着非常大的比例。因此，如何用AI模型生成人像照片也是很多初学者急切希望学会的。多学、多看、多练、多积累提示词，这些都是创作优质AI人像摄影作品的必经之路。

13.1.1　古风人像

古风人像是一种以古代风格、服饰和氛围为主题的人像摄影题材，它追求传统美感，通过细致的布景、服装和道具，将人物置于古风背景中，创作出古典而优雅的画面，效果如图13-1所示。

扫码看视频

图13-1　古风人像效果

这张AI摄影作品使用的提示词如下：

一位身穿红色汉服的中国美女，面前挂着枫叶，她化着精致的妆，姿态优雅，柔和的灯光照亮了她的脸，营造出温暖的氛围，汉服上有传统的刺绣图案和精致的面料，专业的摄影风格。

古风人像是一种极具中国传统和浪漫情怀的摄影方式，强调古典气息、文化内涵与艺术效果相结合的表现手法，旨在呈现优美、清新、富有感染力的画面。

在用AI生成古风人像照片时，可以添加以下提示词来营造古风氛围。

❶ 绸缎：高贵、典雅的丝织品。

❷ 汉服：中国古代的传统服饰。

❸ 古琴：中国古代的弹拨乐器。

❹ 金丝绒：柔软、光泽度高的纺织面料。

❺ 云纹：模拟云层纹路的装饰元素。

❻ 古典建筑：古风特色的建筑。

13.1.2　婚纱照片

婚纱照片是指人物穿着婚纱礼服的照片，在用 AI 生成这类照片时，可以添加婚纱、新娘、鲜花、教堂等提示词，以创造出唯美、永恒的氛围感，效果如图 13-2 所示。

扫码看视频

图 13-2　婚纱照效果

这张 AI 摄影作品使用的提示词如下：
一位身穿白色蕾丝婚纱的中国美女手里拿着一束香槟玫瑰花，她站在一个有淡蓝色和奶油色墙壁的大型彩色玻璃建筑内，全身照片，天花板上挂着一盏水晶吊灯，这张照片看起来很专业。

13.2　AI 动物摄影案例实战

在广阔的大自然中，动物们以独特的姿态展示着它们的魅力，动物摄影捕捉到了这些瞬间，让人们能够近距离地感受到自然生命的奇妙。本节主要介绍通过 AI 模型生成动物摄影作品的方法和案例，让大家感受到"动物王国"的精彩瞬间。

13.2.1　宠物摄影

宠物是人类驯养和喜爱的动物伴侣，它们种类繁多、外貌各异。有些宠物具有可爱的外表，例如，小型犬、猫咪、兔子、仓鼠等；而其他宠物可能具有独特的外貌，例如蜥蜴、鹦鹉等。

扫码看视频

图 13-3 为一张 AI 生成的小狗照片，在提示词中描述了小狗的颜色、服装、表情和性格特征，同时对于背景环境进行了说明，并采用浅景深的效果，有效突出画面主体，给人一种温暖和舒适的视觉感受。

图 13-3　AI 生成的小狗照片

这张 AI 摄影作品使用的提示词如下：
一个穿着黑色和银色条纹 T 恤的白色 bichon 坐在桌子上，黄色的油菜花在它身后盛开，木制的椅子，自然光，摄影风格，可爱的宠物壁纸背景，浅景深效果，高清细节，32K 高清分辨率。

图 13-4 为一张 AI 生成的兔子照片，在提示词中不仅描述了主体的特点，同时添加了晕影、特写等提示词，将背景进行模糊处理，从而突出温柔和机灵的兔子主体。

图 13-4　AI 生成的兔子照片

这张 AI 摄影作品使用的提示词如下：
一只可爱的白色小兔子，毛茸茸的皮毛和耳朵，黑色的眼睛，柔软细腻的皮肤，带着可爱的表情，在自然的阳光下，站在郁郁葱葱的绿色草地上，特写，晕影。这是一张高分辨率、高清晰度的照片，具有高质量的细节、高清晰度和高对比度，以专业风格拍摄。

13.2.2　昆虫摄影

昆虫是一类无脊椎动物，它们种类繁多、形态各异，包括蝴蝶、蜜蜂、甲虫、蚂蚁等。昆虫通常具有独特的身体形状、多彩的体色，以及各种触角、翅膀等特征，这使得昆虫成了生物界中的艺术品。

扫码看视频

图 13-5 为一张 AI 生成的蝴蝶照片，由于蝴蝶的颜色通常都非常丰富，因此，在提示词中加入了大量的色彩描述词，呈现出令人惊叹的视觉效果。

图 13-6 为一张 AI 生成的蚂蚁照片，蚂蚁的身体非常微小，因此，在提示词中加入了大光圈和微距镜头等描述词，展现出大自然中的神奇微距世界。

图 13-5　AI 生成的蝴蝶照片

这张 AI 摄影作品使用的提示词如下：
一只漂亮的、五颜六色的蝴蝶，在采蜜，特写，这是一张高分辨率、高清晰度的照片，具有高质量的细节、高清晰度和高对比度，以专业风格拍摄。

图 13-6　AI 生成的蚂蚁照片

这张 AI 摄影作品使用的提示词如下：
两只蚂蚁沿着树枝行走的微距照片，自然，绿色背景，高细节，微距镜头，身体和腿都是可见的，这是一张高清晰度的照片，具有高质量的细节、高清晰度和高对比度，以专业风格拍摄。

13.2.3　鸟类摄影

扫码看视频

鸟类摄影是指以飞鸟为主要拍摄对象的摄影方式，旨在展现鸟类的美丽外形和自由飞翔的姿态，效果如图 13-7 所示。

图 13-7　鸟类效果

> 这张 AI 摄影作品使用的提示词如下：
> 一张美丽的白额蜂虎鸟在其自然栖息地中的照片，使用佳能 R3 相机和 20 毫米镜头拍摄，光圈设定为 f/4.8。

鸟类摄影能够突出飞鸟与自然环境之间的关系，强调生命和谐与自然平衡等相关价值观念，还能够帮助人们更好地了解鸟类的生活习性和行为特点。通过 AI 模型生成鸟类照片时，提示词的相关要点如下。

❶ 场景：通常设置在风景优美的树林、湖泊或自然保护区等生态环境中，常见的鸟类有鹦鹉、翠鸟、雀鸟、孔雀等，通过鸟儿与周围环境的精准交互创造出奇妙的画面感。

❷ 方法：用主体描述提示词展现鸟类的真实外貌和生动性格，呈现出不同的色彩、造型和姿态等多种效果，并营造出鸟群飞翔和栖息的自然状态，同时运用光线类提示词使画面更加有美感。

创意摄影：20 个不同领域的 AI 热门案例

13.3 AI 风光摄影案例实战

风光摄影是一种旨在捕捉自然美的摄影艺术，在进行 AI 摄影绘画时，用户需要通过构图、光影、色彩等提示词，用 AI 模型生成自然景色照片，展现出大自然的魅力和神奇之处，将想象中的风景变成风光摄影大片。

13.3.1 城市风光摄影

城市风光摄影是一种专门捕捉城市环境和建筑特色的摄影类型，它不仅展现了城市天际线、标志性建筑和历史遗迹，还涵盖了城市生活的各个方面，例如，街道、公园、市场、交通及城市居民的日常生活场景，效果如图 13-8 所示。

扫码看视频

图 13-8 城市风光效果

这张 AI 摄影作品使用的提示词如下：
这座位于中国福建省福州市的现代跨江大桥，橙色的桥梁，可以看到绿树和蓝天，前方是城市天际线，中午时分，可以看到清水湖的景色。这张照片是用尼康 D850 相机拍摄的，高清细节。

通过 AI 模型生成城市风光照片时，提示词的相关要点如下。

❶ 场景：需要选择精致而重要的建筑物或建筑群，例如，高楼、古城、教堂、桥梁等，通常大多数建筑物在黄昏和清晨最为漂亮。

❷ 方法：提示词需要准确地描述出建筑物的线条、颜色、材质质感，以及周围环境的对比度和反差。

13.3.2 森林风光摄影

森林风光是一种以山地自然景观为主题的摄影艺术形式，通过表达大自然之美和壮观之景，传达出人们对自然的敬畏和欣赏的态度，同时也能够给观众带来喜悦与震撼的感觉，效果如图 13-9 所示。

扫码看视频

图 13-9　森林风光效果

> 这张 AI 摄影作品使用的提示词如下：
> 一片茂密的森林，有高大的树木，覆盖着生机勃勃的绿叶，周围弥漫着薄雾，穿过树林的小路两旁排列着各种各样的树干，营造出迷人的森林景象。

森林风光摄影追求表达出大自然美丽、宏伟的景象，展现出山地自然景观的雄奇壮丽。通过 AI 模型生成森林风光照片时，提示词的相关要点如下。

❶ 场景：通常包括高山、峡谷、山林、瀑布、湖泊、日出、日落等，通过将山脉、天空、水流、云层等元素结合在一起，营造出高山秀丽或柔和舒缓的自然环境。

❷ 方法：在提示词中强调色彩的明度、清晰度和画面上的层次感，同时可以采用不同的天气和时间来达到特定的场景效果。在构图上采取对称、平衡等手法，展现场景的宏伟与细节。

13.3.3　草原风光摄影

扫码看视频

一望无际的大草原，拥有非常开阔的视野，以及宽广的空间和辽阔的气势，因此，成为大家热衷的摄影创作对象。用 AI 生成草原风光照片时，通常采用横画幅的构图形式，具有更加宽广的视野，可以包容更多的元素，能够很好地展现出草原的辽阔特色。

图 13-10 为 AI 生成的大草原照片效果，在一片绿草如茵的草地上，有一群马正在吃草，主要的色调是天蓝色和绿色，整个场景呈现出一种宁静而壮丽的自然景观，让人感受到大自然的美丽和生机勃勃。

图 13-10　大草原照片效果

> 这张 AI 摄影作品使用的提示词如下：
> 在一片辽阔的草原上，有绿色的草地和清澈的湖水，有许多马在上面吃草。蓝天下，湖面被起伏的山丘所环绕。在夏天，它呈现出田园风光，展示了它的自然美景。这张照片是用佳能 EOS R5 相机拍摄的，高清细节，有质感。

通过 AI 模型生成草原风光照片时，提示词的相关要点如下。

❶ 场景：在提示词中指明草原所在的地理位置，例如，国家、地区，以及对环境的描述，例如，草原的大小、形状、地形等。

❷ 方法：在提示词中强调季节和天气情况，例如，夏天、秋天或冬天，晴朗的天气、阴天或多云等。还要强调草原风光的特色，例如，绿色的草地、清澈的湖水、蓝天白云等。

13.3.4 雪景风光摄影

扫码看视频

雪景风光是一种将自然景观和冬季的雪融合为一体的摄影艺术，通过创造寒冷环境下的视觉神韵，展现出表现季节的变化，并带有一种安静、清新的气息，效果如图 13-11 所示。

图 13-11　雪景风光效果

这张 AI 摄影作品使用的提示词如下：
冬季雪景照片，河流和山脉结冰，前方有建筑群，蓝天白云，广角镜头，明亮的阳光，高清细节。

雪景风光摄影可以传达寒冷环境下人类与自然的交融感，表现出冬季大自然波澜壮阔的魅力。通过 AI 模型生成雪景风光照片时，提示词的相关要点如下。

❶ 场景：选择适合的雪天场景，例如，森林、山区、湖泊、草原等。

❷ 方法：提示词需要准确地描述出白雪的特点，使画面充满神秘、纯净、恬静、优美的氛围，创造出雪景独有的魅力。

13.4　AI 星空摄影案例实战

在黑暗的夜空下，星星闪烁、星系交错，美丽而神秘的星空一直吸引着人们的眼球。随着科技的不断进步和摄影的普及，越来越多的摄影爱好者开始尝试

创意摄影：20 个不同领域的 AI 热门案例

拍摄星空，用相机记录这种壮阔的自然景象。如今，我们可以直接用 AI 绘画工具来生成星空照片，本节将介绍一些星空 AI 摄影的实例，并分析用 AI 模型生成这些作品的技巧。

13.4.1　星云摄影

星云是由气体、尘埃等物质构成的天然光学现象，具有独特的形态和颜色，可以呈现出非常灵动、虚幻且神秘感十足的星体效果，如图 13-12 所示。

扫码看视频

图 13-12　星云效果

这张 AI 摄影作品使用的提示词如下：
猎户座红色马头星云的天体摄影，具有详细细节，清晰细节，高分辨率照片。
通过 AI 模型生成星云照片时，提示词的相关要点如下。

❶ 类型：在提示词中指明希望生成的星云类型，例如，行星状星云、发射星云、反射星云、马头星云等。如果有具体的星云目标，可以提及其名称或所在的天区位置，例如，鹰状星云、猎户座大星云等。

❷ 方法：在提示词中描述星云的色彩和亮度，例如，鲜艳的红色、深邃的蓝色、明亮的白色等，还可以补充说明希望在照片中展现的星云结构特征，例如，条纹、环状、斑点状等。

13.4.2 银河摄影

扫码看视频

银河摄影主要是拍摄天空中的星空和银河系，能够展现出宏伟、神秘、唯美和浪漫等画面效果，如图 13-13 所示。

图 13-13　银河效果

> 这张 AI 摄影作品使用的提示词如下：
> 在澳大利亚的顶峰上，有一条银河，以恒星形成一个拱形，周围有几个亮点，前方有沙子和一些形状像指针的岩石。以全景摄影风格拍摄，光圈为 f/20，ISO 为 800，广角镜头，高清细节，8K 画质，让恒星在黑暗的天空中脱颖而出。

通过 AI 模型生成银河照片时，提示词的相关要点如下。

❶ 类型：在提示词中指明希望生成的银河类型，例如，银河系本身、其他星系的银河、星云中的银河等。

❷ 地点：在提示词中描述银河的观测地点，例如，郊外、山区、沙漠或海边等，以及所在的国家或地区，还可以在提示词中指定银河的时间，例如，夏季、秋季或冬季等。

❸ 形态：在提示词中描述银河的形态，例如，横跨天空、拱形，以及升起或落下的方向。

指点：在提示词中还可以说明银河照片所使用的相机、镜头、三脚架等设备，以及采用的摄影技术，例如，曝光时间等。如果有后期处理的特殊要求，例如，降噪、增强对比度等，也可以在提示词中补充说明。

13.4.3　流星雨摄影

　　流星雨是一种比较难见的天文现象，它不仅可以给人带来视觉上的震撼，同时也是天文爱好者和摄影师追求的摄影主题之一，效果如图 13-14 所示。

扫码看视频

图 13-14　流星雨效果

这张 AI 摄影作品使用的提示词如下：
星空，流星划过夜空，前景是沙漠景观，广角镜头，可以看到广阔的星星，具有神秘的氛围，黑暗的背景和流星发出的明亮光线形成对比，全景摄影，戏剧性的灯光效果。

　　通过 AI 模型生成流星雨照片时，提示词的相关要点如下。

　　❶ 类型：在提示词中指明流星雨的类型，例如，英仙座流星雨、狮子座流星雨等。

　　❷ 地点：在提示词中指定流星雨的观测地点，例如，郊外、沙漠、高山顶上、乡村等。

　　❸ 数量：在提示词中可以指定捕捉到的流星数量，例如，多颗流星交织的场景等。

13.5 AI 静物摄影案例实战

静物摄影是一种以静态物品为主题的摄影形式，它通过捕捉和呈现物品的形象、质感、细节和特征，以及通过构图、光影、色彩等元素的运用来创造出视觉上的美感和艺术效果。本节主要介绍美食、植物及产品的 AI 摄影技巧。

13.5.1 美食摄影

美食摄影是一种专注于拍摄食物和饮品等美食的摄影艺术，成功的美食摄影不仅能够让观众口水直流，还能够传达出美食的故事和情感。

扫码看视频

图 13-15 为 AI 生成的红烧鱼照片，使用色调、光线和风格等提示词，绘制出美食的诱人外观和口感，以吸引观众的注意力，并勾起大家的食欲。

图 13-15　美食照片

另外，用户也可以添加一些场景、灯光和道具提示词，突出食物的质感、颜色和纹理。同时，用户还可以添加食物的摆放和构图等提示词，以展现食物的美感和层次感。

13.5.2 植物摄影

扫码看视频

植物摄影是一种将花、草、树木等植物作为主体进行拍摄的摄影领域，这种摄影专注于捕捉植物世界的美丽和细节。

例如，装饰性花卉是一种具有观赏价值的花卉植物，这些花卉通常被认为拥有美丽的外观、鲜艳的色彩和多样的形态，能够营造出特定的氛围并增加空间的审美价值。通过 AI 摄影可以很好地呈现装饰性花卉美丽的花姿、色彩和纹理，效果如图 13-16 所示。

图 13-16　装饰性花卉效果

这张 AI 摄影作品使用的提示词如下：
一盆如意皇后万年红，盆栽植物，有红色和绿色的叶子，叶子有粉红色的边缘，为它的外观增添了色彩，放在一个优雅的白色花盆中，背景是白色的。

装饰性花卉摄影旨在通过花卉之美进行艺术表现，强调对自然的敬畏和对"生命之美"的感悟，同时也代表着某些特定情感的呈现，例如，浪漫、喜庆、唯美等。通过 AI 模型生成装饰性花卉照片时，提示词的相关要点如下。

❶ 场景：常见的装饰性花卉有玫瑰、牡丹、海棠、木兰、扶桑、郁金香、勿忘我、康乃馨、迎春花、秋海棠等，场景可以选择花坛、花园、公园、绘画展或

装饰场所等空间，同时还可以用不同的季节、天气、背景等提示词。

❷ 方法：照片中的花卉色彩明亮艳丽、构图大气优雅，充分展现其本身的装饰性和典雅美。另外，可以通过背景虚化等提示词让花卉与环境完美融合。

13.5.3　产品摄影

扫码看视频

产品摄影是一种专门用于拍摄商品或产品的摄影艺术和技术，它的主要目的是展示产品的外观、特征和细节，以吸引潜在客户，并促使他们购买这些产品。

产品摄影是指专注于拍摄产品的照片，展示其外观、特征和细节，以吸引潜在消费者的购买兴趣。在使用 AI 生成产品照片时，需要利用适当的光线、背景、构图等提示词，突出产品的质感、功能和独特性，效果如图 13-17 所示。

图 13-17　产品摄影效果图

这张 AI 摄影作品使用的提示词如下：
一款时尚现代的头戴式耳机，内置麦克风，正面为白色，边缘为粉红色，该产品以先进的技术环境为背景，线条和形状闪闪发光，高分辨率，细节纹理，专业摄影风格。

13.6　AI 建筑摄影案例实战

建筑摄影是以建筑物和结构物体为对象的摄影题材，在用 AI 生成建筑摄影作品时，需要使用合适的提示词将建筑物的结构、空间、光影、形态等元素完美地呈现出来，从而体现出建筑照片的韵律美与构图美。

13.6.1　古镇摄影

扫码看视频

古镇是指具有独特历史风貌的古老村落或城镇区域，通常具有古老的街道、建筑、传统工艺和历史遗迹，可以让人们感受到历史的沧桑和变迁，具有极高的欣赏价值，效果如图 13-18 所示。

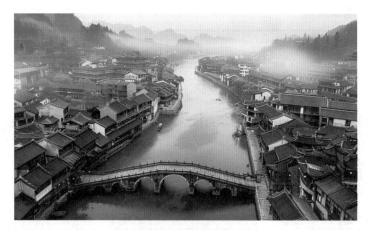

图 13-18　古镇照片效果

这张 AI 摄影作品使用的提示词如下：
鸟瞰古镇，呈鲨鱼嘴形状，河上有古建筑和桥梁，街道上有石头路面和中国传统建筑，古镇后面的山顶上有蒙蒙细雨，专业摄影风格，高清摄影。

在用 AI 生成古镇照片时，在提示词中可以指定古建筑的类型，例如，古寺、古庙、古城墙、古堡等，还可以添加木制结构建筑、青砖灰瓦的民居、古老的庙宇等提示词，使画面散发出浓厚的古代氛围感。

13.6.2　住宅摄影

扫码看视频

住宅是人们居住和生活的建筑物，它的外形特点因地域、文化和建筑风格而异，通常包括独立的房屋、公寓楼、别墅或传统民居等类型。通过 AI 摄影，可以记录下住宅的美丽和独特之处，展现出建筑艺术的魅力。

图 13-19 为 AI 生成的别墅照片效果，别墅是一种豪华、宽敞的独立建筑，除了精心设计的外观外，往往占地面积较大，拥有宽敞的室内空间和私人的庭院或花园，这些特点都可以写入提示词中。

图 13-19　别墅照片效果

这张 AI 摄影作品使用的提示词如下：
这座两层现代别墅的设计特点是米色的墙壁，拱形的窗户和门，顶部是深红色的瓷砖，屋顶边缘是浅棕色。前面有一个入口门，周围是绿色的草坪和小喷泉，营造出一种奢华的氛围。外墙上有一些装饰元素，如石柱和拱门，给人一种温暖和舒适的感觉。

通过 AI 模型生成别墅照片时，提示词的相关要点如下。

❶ 类型：在提示词中指明别墅的类型，例如，现代别墅、乡村别墅、欧式别墅等。

❷ 位置：描述别墅所在的地理位置，例如，草坪、城市郊区、山脚下、湖畔等。

❸ 细节：体现别墅的建筑细节，例如，墙壁颜色、门的形状、窗户设计、屋顶设计、入口设计、装饰元素、花园景观氛围等。

13.7　AI 慢门摄影案例实战

慢门摄影指的是使用相机长时间曝光，捕捉静止或移动场景所编织的一连串图案的过程，从而呈现出抽象、模糊、虚幻、梦幻等画面效果。本节将介绍一些慢门 AI 摄影的实例，并分析用 AI 模型生成这些作品的技巧。

13.7.1　车流灯轨

车流灯轨是一种常见的夜景慢门摄影主题，利用了长时间曝光的原理，通过在低光强度环境下使用慢速快门，拍摄车流和灯光的运动轨迹，营造出特殊的视觉效果。这种摄影主题能够突出城市的灯光美感、增强夜晚繁华城市氛围的艺术效果，同时也是表现动态场景的重要手段之一，可以呈现出独特的艺术效果。

AI绘图工具可以通过深度学习算法和图像处理技术来生成车流灯轨效果的图像，虽然这些工具并非直接模拟真实摄影过程，但它们可以根据用户提供的输入图像和参数，通过学习和模拟车流灯轨的视觉效果来生成艺术化的图像，效果如图13-20所示。

图 13-20　车流灯轨效果

这张AI摄影作品使用的提示词如下：
北京的一座历史建筑，沐浴在夜晚柔和的街灯中，采用长时间曝光拍摄，捕捉到了汽车行驶的灯轨效果，这座建筑是一个焦点，它的宏伟在夜间摄影的风格中突显出来。

通过AI模型生成车流灯轨照片时，提示词的相关要点如下。

❶ 场景：描述想要模拟的拍摄场景，例如，城市夜晚的街道、繁忙的交叉口、高速公路等，指定车流密度，例如，高密度车流、中等密度车流或稀疏车流等。

❷ 方法：在提示词中添加"长时间曝光拍摄""长曝光"或"延时摄影"等描述，可以模拟慢门摄影效果。

13.7.2 流云效果

AI 绘图工具可以模拟流云慢门摄影效果，流云慢门摄影是一种利用长时间曝光拍摄天空中流动云彩的摄影技术，可以让云朵呈现出柔和、流动的效果，给照片增添了一种梦幻般的感觉，能够展现出天空万物的美妙和奇幻之处，效果如图 13-21 所示。

图 13-21　流云照片效果

这张 AI 摄影作品使用的提示词如下：
海上的一个小岛，四周是岩石，天空中有白云流动，长时间曝光，阳光照射在平静的海面上，相机聚焦在水边的岩石地形上，营造出一种宁静而神秘的氛围。

通过 AI 模型生成流云照片时，用到的重点提示词的作用分析如下。

❶ 海上的一个小岛：这个描述提供了场景的基本背景，指示 AI 模型生成一个小岛的形象，并将其置于海面上，这有助于确定图像的主题和焦点。

❷ 天空中有白云流动：这是关键的要素之一，指示 AI 模型在生成图像时加入流动的白云，可以营造出梦幻般的效果，增强图像的神秘感。

❸ 长时间曝光：这个描述告诉 AI 模型使用长时间曝光的效果，以模糊运动的元素，例如流动的云彩和海面，这是创造流云慢门摄影效果的关键步骤之一。

❹ 营造出一种宁静而神秘的氛围：这个描述提供了对整体氛围和情感的指导，帮助 AI 模型生成一个宁静神秘的场景，通过视觉元素来传达这种感觉。

13.7.3　溪流瀑布

扫码看视频

慢门摄影可以呈现出溪流或瀑布的流动轨迹，呈现出清新、柔美、幽静的画面效果，让溪流或瀑布变得如云似雾、别有风味，效果如图13-22所示。

图 13-22　溪流照片效果

这张 AI 摄影作品使用的提示词如下：
山上秋天的瀑布，瀑布风光，彩色秋叶，白色泡沫，瀑布下流水的长曝光摄影，广角镜头捕捉到流动的动作和飞溅的水流，河岸两侧绿树成荫，背景是一片五颜六色的枫叶林，高清摄影。

通过 AI 模型生成瀑布照片时，用到的重点提示词的作用分析如下：

❶ 山上秋天的瀑布：这个描述指明了场景的时间和地点，告诉 AI 模型生成一个秋季的山上瀑布景观，这为图像的主题和背景提供了基本框架。

❷ 瀑布风光：这个描述强调了瀑布的景观特征，提示 AI 模型在生成图像时要突出瀑布的壮美和壮观。

❸ 彩色秋叶：这个描述是秋季景观的典型特征，告诉 AI 模型在图像中加入丰富多彩的秋叶元素，以增添视觉效果和色彩层次。

❹ 瀑布下流水的长曝光摄影：长曝光摄影是为了捕捉流动水流的模糊效果，这个描述指示 AI 模型在图像中呈现瀑布下流水的长曝光效果，强调水流的动感和柔和。